# 面白くて眠れなくなる生物学

長谷川英祐

PHP文庫

○本表紙図柄＝ロゼッタ・ストーン（大英博物館蔵）
○本表紙デザイン＋紋章＝上田晃郷

# はじめに　生命には理由がある

高校生の頃、多くの人が授業で生物を学んだことでしょう。教科書の内容は、細胞から始まって、生殖と発生、遺伝、刺激と動物の反応、内部環境と恒常性、環境と植物の反応と続きます。中身を見てみると、細胞はどのような細胞内小器官ででできており、それぞれの役割は、と細かい説明がぎっしりと書き込まれています。

それぞれの項目がどういう関係にあるのかは全くわからず、テストでは、「細胞内小器官の一つであるミトコンドリアの役割は次のうちどれか」とか、「クエン酸回路で取り出される水素の数はいくつでそこから何分子のＡＴＰが生産されるか答えなさい」など、事細かに聞かれます。テストで良い点を取るためには、否応なしに教科書のすみずみまで暗記するはめになることがほとんどです。

生物の教科書は、理科の他の科目（物理、化学、地学）と比べて非常に分厚く、それだけで「覚えることが多いから好きじゃなかった」という人もいたのではないでしょうか。生物が好きな人が学ぶのに、それを苦痛に感じさせてしまうとはなんという逆効果でしょう。無駄無駄無駄無駄無駄無駄無駄ぁ！

確かに、生物に起こっている現象はとても多様で複雑です。生命の活動は、物理、化学の基本法則の上で行われていますし、自立した機能を持つ生物と、環境や生物体との相互作用の結果として起こる、よりレベルの高い生態現象も生物学の範《はん》疇《ちゅう》に入ります。ですから、様々な現象について触れなければならず、教科書がある程度厚くなるのは避けられません。

しかし、同時に生物とは約三十八億年前にただ一度だけ地球上に生じ、長い進化の過程を通して、現在の多様な姿に変化してきたものでもあるのです。進化とは、ある原則の下に進む過程です。であれば、現在の生物のめくるめくような多様性も、物理、化学の単純な原理と、進化という一つの流れの下で理解することが可能でしょう。

生物の進化の原則を知り、物理、化学の原則を、生物に見られる現象と関連づけることで、生物の多様な現象は理解しやすくなります。人間は、物事を丸暗記するのが苦手です。生物と並んで暗記物の代表格である歴史でも、ある事が起こった年号をただ数字として覚えるのではなく、「いい国（一一九二年）つくろう鎌倉幕府」のように、意味を持った文章として覚えると、覚えやすくなります。

化学の周期表でも「水兵リーべ僕の船……」とやった人も多いのでは。人間は意味のあるものは簡単に覚えられます。つまり、そこにどういう意味があるのかがわかれば、雑多な生物学の知識ももう少し覚えやすいようにできるはずです。

現在の生物Ⅰ、Ⅱは、主に、生物とは「どのようになっているのか（Ｈｏｗ）」という内容になっています。しかも、現れる各項目の関係が整理も説明もされておらず、何ら関連のないものが次々と提示されているように見えます。これでは、どうやって理解したらよいかもわからず、ただひたすら暗記しなければならないと思うのは無理もありません。

Ｈｏｗの疑問は、科学の二本柱の一つです。実際、近代の生物学は、顕微鏡《けんびきょう》を発明したロバート・フックが植物の細胞を発見したことから始まり、大部分が、生命現象とはどのようになっているのか（Ｈｏｗ）を解明しようとして行われてきたものです。したがって、生物の教科書が「どのようになっているのか」を主体にしていることは避けようがないのです。

しかし、生物学にはもう一つの疑問があります。それは「なぜそのようになっているのか（Why）」という疑問です。つまり、それぞれの現象がどのようになっていた（How）としても、なぜそのようになっているのか（Why）という疑問は、Howとは別の観点として成り立つのです。このWhyの観点から生物を説明しようという試みの一つがチャールズ・ダーウィンの「進化論」でした。

生物がその住んでいる環境によく適合した性質をしていることが昔からわかっていましたが、なぜそうなるのかはダーウィンが「自然選択の原理」に気がつくまではわからないことでした。ダーウィンは、同種生物の個体の間には微妙な性質の違いがあり、より環境に適したものが生き残り、多くの子供を残すことで、次第により環境に適した性質の生物に置き換わっていくのではないだろうか、と考えました。

このとき、より環境に適した生物は自然によって選ばれているので、この機構は「自然選択」と名付けられました。一言でいえば、「より有利なものが生き残って子孫を残すので、そういう生き物ばかりになっていく」ということです。このメカニズムは生物がなぜ（Ｗｈｙ）環境に適した性質へと進化していくのかを、歴史上初めて神様の存在抜きに説明可能なこととしたのです。

その後の多くの研究により、現実の生物は自然選択を受けて適応的に進化しているということが証明されてきています。であれば、雑多に見える生物が見せるいろいろな現象も、自然選択の下における進化という一貫した原理の下で起こったことになります。したがって、Ｗｈｙの観点から見れば、項目相互の関係や、「ある現象がなぜそうなっていなければならないのか」ということにも逐一《ちくいち》理由があるということになります。

この理由を知ることで、生物の様々な現象や、そこでどのような現象が起き、どういう結果になるのかも覚えやすい形で整理していくことができるようになります。

また、生物は昔から現在の人間がそうであるような、多細胞で複雑な器官とそれを制御するシステムを持った形だったのではありません。最初の生命は現在の細胞よりもっと単純な構造だったはずです。そのような形から、進化の過程を経て徐々に複雑なシステムを持つ生物が現れ、現在の多様な生物群《ぐん》ができたのです。

生物はそれ以前に存在していたシステムを利用して新たな性質を獲得するものなので、後から考えるともっと合理的なやり方があるはずでも、そうなっていないことがあります。結構行き当たりばったりです。ですから、現在の生物のあり方を理解しようと思えば、過去の生物の進化の歴史を知っていた方がよいのです。

そういった観点から生物学を整理してみれば、生物現象を「暗記」するのではなく、「理解」することが可能になります。語呂《ごろ》合わせですら、意味を持ったものは覚えやすくなるのですから、生物現象がなぜ（Why）そうなっているのか、という知識に基づいて考えれば、多様な生物についても今まではよりもっとわかりやすくなることでしょう。

簡単に言えば、今の生物学の教科書は、「進化」という生物を貫く軸《じく》を考慮せずに、生物が示す現象をバラバラに置いた構成になっています。これでは、生物が示す現象を論理に基づいて「理解」するということができなくても仕方がありません。

学問とは、調べている現象について、体系立った理論に基づいて理解する行為です。この観点から見て、現在の生物の教科書は、生物について書かれたものではあっても、生物「学」のガイドにはなっていないのです。やれやれだぜ。

この本は、物理や化学や進化の基本法則から見て、生物のいろいろな現象がどのように「理解」できるかということを考えてみたものです。読者としては、昔、生物をやったものの暗記ばかりでつらかった、と思っている人や、今まさに生物を学びながらも、その多様さにたじろいでいる人を想定しています。

生物学とは、単に暗記するしかない雑多なものの寄せ集めではありません。物理や化学や進化という原則に裏打ちされ、それらの法則の下に成り立っている統一的な現象です。ですから、それを理解し、なぜそうなのかを知ることにより、生物の示す現象は、我々の脳の中でよりわかりやすいものとして配置されることが可能になります。

この本の効用はいろいろありますが、私としては、特に現在生物を勉強していて泣きたい思いをしている人の役に立てばと思います。もちろん、私も過去にはこの本で述べるように生物現象を考えることで、生物の勉強がとても楽になりました。

その他にも、この本が、生物に興味を持つ人たちにとって、その理解をより深め、たやすくすることの一助になればと思います。

面白くて眠れなくなる生物学

目次

## Part 1
# 生物は合理的にふるまう



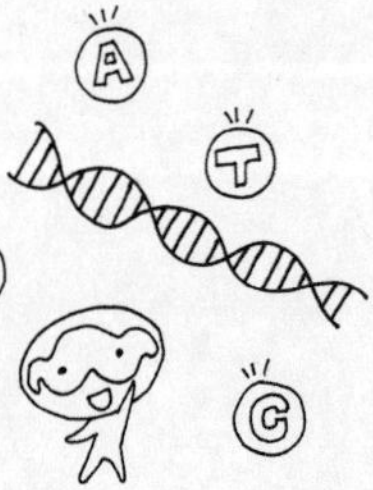

Part 2

## 誰かに話したくなる生物のはなし

Part 3

# 面白くて眠れなくなる生物学

本文デザイン&イラスト　宇田川由美子

Part 1

# 生物は合理的にふるまう

AG
TC

# 生命の誕生はただ一度の奇跡

## 生物の共通した特徴

生命って何でしょう？

生きているってどういうこと？

それを知ることは生物学の究極の目標かも知れませんが、それに全員が同意する形で答えることは不可能です。しかし、私たちが「生物」だと思っているほとんどのものには共通した特徴があります。

それは、
①細胞と呼ばれる小さな部屋からできている
②外部から物質を取り込み、代謝《たいしゃ》を行う
③繁殖する
④遺伝物質を持っていて繁殖のときに子供にそれを伝える

などです。

しかし、ウィルスと呼ばれる一群は、遺伝物質を持っており繁殖しますが、自ら代謝を行わず遺伝物質や子供の体の合成には別の細胞の代謝系を利用します。現在の生物学でもウィルスが生命かどうかは学者により見解が分かれています。

突き詰めて考えると、どこまでが生物ではなくて、どこからが生物かという境目は、ある化学反応は生物ではなく、それにある反応が付け加わると生物だということができるだけです。

そして、ここが問題なのですが、どの化学反応が付け加わると生物というべきかについて、全員が納得せざるを得ない解答はない、ということです。もしあれば、ウィルスが生物なのかどうかについてはとっくにケリがついているでしょう。

いいかえれば、分類とは常にそういうもので、全員が一致する分類というものはないのです。

前述の①〜④で定義できるじゃないかと言っても、ライオンとトラの合いの子のライガーやタイオンは繁殖が不可能ですが、「生物じゃない」とは誰も思わないでしょうから、やはり我々が「生きている」と思うものを完全にはカバーできませんね。ともあれ、ここではウィルスやライガーの扱いは放っておいて、「遺伝物質を持っていて繁殖し、代謝系を備えているもの」を生物と定義しておきます。自立しており、繁殖が可能なものとでも思っておいてください。

さて、現在の生物学では、生命はただ一度だけ生じ、最初の生命が進化を続け、現在見られるような多種多様な生物を作り出してきたと考えられています。なぜそう考えられているのか？　その一つの理由は「遺伝情報がどのように生物の体を作り出していくのか」という仕組みが、全ての生物で共通しているからです。

一部のウィルスを除いて、知られている全ての生き物の遺伝物質はデオキシリボ核酸《かくさん》（DNA）というものです。DNAは「ヌクレオチド」と呼ばれる化学物質の構成単位が長い鎖《くさり》のようにつながっている構造をしており、各ヌクレオチドには一つの塩基《えんき》がついています。ヌクレオチドの塩基には「アデニン（A）」「グアニン（G）」「シトシン（C）」「チミン（T）」という四種類があり、DNAの鎖はこの四種類の塩基がたくさん並んだものと解釈すればよいでしょう。

## タンパク質に使われるアミノ酸の種類

この鎖のどこに遺伝情報が書き込まれているのでしょうか？　それを知るためには、タンパク質というものについて知らなければなりません。生物体のほとんどの部分はタンパク質でできており、そのタンパク質は、ＤＮＡと同様に長い鎖状の構造をしています。しかしＤＮＡとは異なり、アミノ酸と呼ばれる化学物質が鎖状につながった構造をしています。

さらに、タンパク質に使われるアミノ酸は無数にあるアミノ酸のうちわずか二〇種類です。繁殖の際に子供に伝わるのはタンパク質ではなく、ＤＮＡであることがわかっていますので、子供の体を作るタンパク質はすべてＤＮＡに書き込まれている情報が読み出されて作られたものです。この、ＤＮＡからタンパク質が作られる過程を「遺伝情報の翻訳」といいますが、塩基で書かれたＤＮＡ上の情報がアミノ酸のつながりに変換されるからです。

塩基は四種類ありますが、二〇種類のアミノ酸を指定するには一塩基では足りません。それでは四種類のアミノ酸しか指定できないからです。塩基が二つでも四の二乗で一六種類しか指定できないので、二〇種類を指定するためには最低三つの塩基が一組にならないとダメだということがわかります。

では、どの塩基の組み合わせがどのアミノ酸を指定しているのか？　それは以下のような実験で確かめられました。

人工的にAAAAAAAAAというつながりのDNAを作り、翻訳させるとリジン―リジン―リジンというアミノ酸の鎖が作られました。

しかしこれでは一つのアミノ酸を指定するのが塩基三つなのか四つなのかはわかりません。そこで次にACCACCACCというように三つに一つ別の塩基を入れたDNAを作り翻訳させたところ、スレオニン―スレオニン―スレオニンというアミノ酸の鎖ができたのです。これで、一つのアミノ酸を指定するのは三つの塩基だということがわかりました。

なぜだかわかりますか？　もし、四つの塩基が一つのアミノ酸を指定しているとするならば、AAGAAGAAGAAGAAGという配列は、AAGA―AGAA―GAAG―AAGAと読み取られるはずで、アミノ酸一―アミノ酸二―アミノ酸三―アミノ酸一―という繰り返しになるはずなのに、実際には上記のように同じアミノ酸の繰り返しになり、その数は三つの塩基が一つのアミノ酸を指定して

◆図1

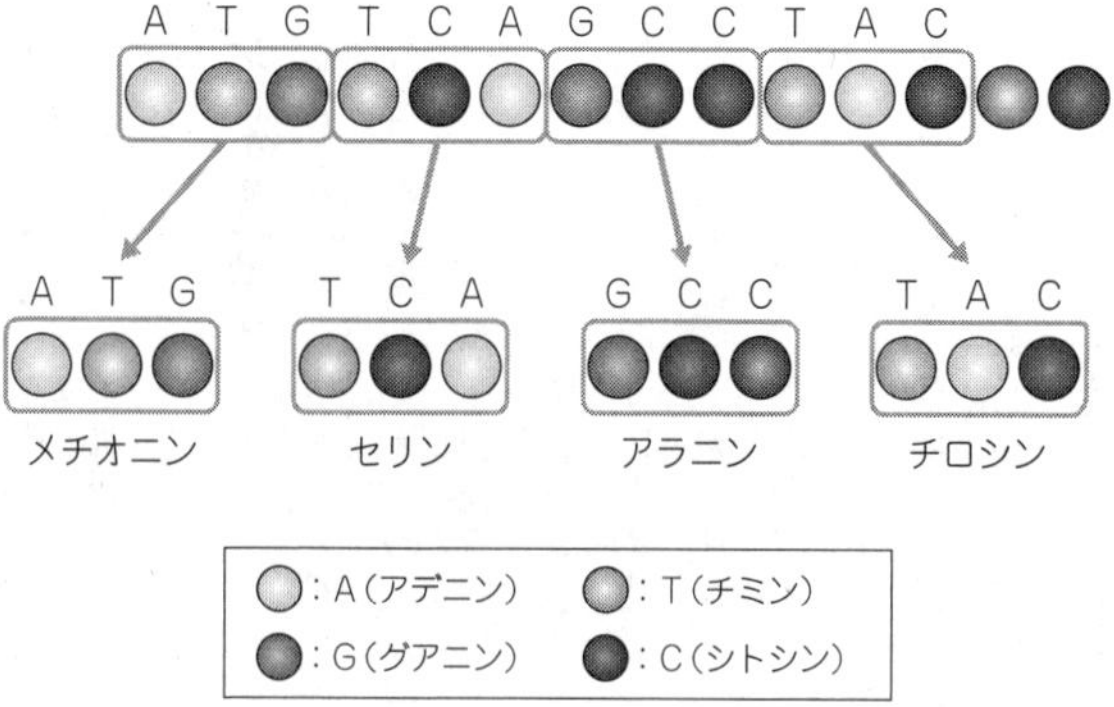


いる場合の数になったからです。

こうなるためには「塩基は三つずつで一つのアミノ酸を指定している」と考える他はありません。上の図1をご覧ください。あとはどの三つ組の並び（コドン）がどのアミノ酸を指定しているかを調べていけばいいだけです。

全く地道であると言わざるを得ませんが、学者たちは努力を続け、四の三乗すなわち六四通りあるコドンの種類ごとに、どのアミノ酸が指定されているかを調べました。その結果、六四通りのコドンは二〇種のアミノ酸と翻訳開始と翻訳停止の二二種類を指定していることが突き止められました。もちろん、六四は二二より大きいのですが、全てのコドンは何らかのアミノ酸等を指定しており、何も指定していないコドンは存在しないことも確認されたのです。

## コドン表を解読する

これをまとめたものがコドン表と呼ばれるコドンとアミノ酸の対応を示した表ですが、皆さんも生物のテストのときにどのコドンが何を指定しているかを暗記したかも知れません。いやな記憶ですね。

その後、様々な生物でコドン表の解読が行われましたが、ほとんど全ての生物でそれは同じだったのです。どの生物でもタンパク質が二〇種類のアミノ酸からできていることと合わせ、これは生命が一回起源で、そこから分化して現在の姿になったと考えられる根拠だとされました。

他にも、細胞膜《まく》の構造なども全ての生物で共通しており、生命の一回起源を示す証拠とされています。もちろん、生命が二回以上の起源を持っていて、何らかの理由により今見られる共通性を獲得したという仮説を否定することはできませんが、二回以上の起源があったという証拠があるわけではありません。

## 複数の仮説が可能な場合は……

科学には「最節約原理」というものがあり、複数の仮説が可能な場合、最もシンプルな仮説を採用するというルールがあります。そして、そうではないという証拠が得られるまでは、その仮説を採用しておくのです。余談ですが、科学における事実とは、このように現在採択されている仮説のことを指しており、決してそれが本当に正しいのかどうかは保証されていないのです。

ともあれ、現在の証拠では、生命は一回だけ生じ、進化を続けてきたとして考えると矛盾はありません。であれば、やはり全生命を貫く共通の原理というものがあり、様々な生物現象はその論理の上に成り立っていると理解することが可能でしょう。

# 伝わらないものは残らない

## 少しだけ違うと不気味になる

私たちが「生きている」と認識するものは、外部からエネルギーを取り込んで代謝を行い、自分というシステムを維持するために自律的に活動しています。これは、全ての生き物に備わった性質であり、人間は進化の過程でそういうものを「生き物だ」と認識するように進化してきたと言えるかも知れません。

なぜならば、そういうものを生き物と思わないという感性は、危険性や食べられるかどうかなどの有用性の認識ができないということであり、生きていくうえで大きな不利となるからです。「有利なことが進化する」という大原則から考えれば、私たちが当たり前だと思っている認識もまた進化の結果であると言えるでしょう。

私たち人間は、場合によっては明らかに生き物ではないものを生き物と感じることがあります。たとえば、ソニーが作っていた動物型のロボットＡＩＢＯや、最近のリアルではない人型ロボットをまるで生きているようだと思ったりするのです。かえって人間に似せたリアルロボットの方に違和感を覚えるのは面白いところです。

ちなみに、それがどれだけ人間に似ているかが少しずつ変化していても、それを不気味だと思うかそうでないかはある時点から急に変化していて、「不気味の谷《たに》」と呼ばれています。つまり、「大きく違う」と不気味ではないのに、「少しだけ違う」ととても不気味に感じるのです。

また、トラとライオンの合いの子であるライガーやタイオンと言った混血動物を生きていないと思う人はいないでしょう。彼らは、外部から取り込んだエネルギーで自律的に活動するユニットだからです。

ライガーなどの合いの子やロボットは、繁殖して子孫を残すことができません。しかし、繁殖しないにもかかわらず、私たちはそれらを生き物だと感じます。すると、繁殖とは生き物にとってどういう意味を持っているのでしょうか。

現在知られている全ての生物は、DNA（ウィルスの一部はRNA＝リボ核酸）という物質を使って、自分の遺伝情報を次の世代に伝えていきます。たとえば、バクテリアは二つにちぎれ、それぞれに複製した遺伝情報を伝えることで二個体になります。人間を含むオスとメスを持つ有性生殖《ゆうせい》の生物は、卵子と精子を合体させることで母親と父親の遺伝情報を子供に伝えます。新しい個体は、受け取った遺伝情報に基づいて体を作り、代謝を行い、新たな生物としての活動を始めます。

つまり、生物にとっての繁殖とは、新たな個体を生み出すことであり、そのために遺伝情報を持つ遺伝物質をその個体に伝えることで、生命活動を伝えていくという行為なのです。遺伝情報を伝えるということは、生きていくための代謝活動のあり方を伝えるということですから、生命にとって重要なものです。しかし、遺伝情報の伝達には、もっと大きな生物学上の意味があります。それは、遺伝情報の伝達があるものだけでしか進化が起こらない、ということです。

## ピカチュウは変態?

進化とは時間とともに生物の性質が変わっていくことを指します。アニメ「ポケットモンスター」では、ピカチュウは成長とともに能力が変わっていきますが、番組内ではそれ自体を「進化」と呼んでいます。ピチュー、ピカチュウ、ライチュウという具合です。しかし生物学では、このような成長に伴う能力の変化を進化とは呼びません。生物学における進化とは、世代を越えて、今まで存在しなかった性質が現れることだからです。

ピカチュウの「進化」は毎世代繰り返される変化であり、生物学的には「変態《へんたい》」と呼ばれます。カエルがオタマジャクシからカエルになるのと同じです。しかし、生物の性質が遺伝情報によって決められており、その情報が世代間で伝わっていくときに少しずつ変化するならば、次の世代にはいままで存在しなかった新たな性質が現れることになります。これが生物学で言う進化です。

DNAやRNAという核酸では、四つの塩基の並び方でどのような遺伝情報が存在するかが決まっています。子供に伝える複製を作るときは元の配列をコピーする形になりますが、その際にごく低い確率でミスコピーが起こるので、複製されたものは元のものと全く同じにはなりません。

したがって、現存する生物は全て進化することができる存在です。注意しなければならないのは、もし、遺伝物質のコピーが完全であり、複製されたものが何世代経っても同じものであるとしたら進化は起こらないということです。核酸の塩基配列のコピーが不完全だからこそ、はじめて進化が可能になるのです。

それでは、どうして全ての生き物は、不完全な遺伝情報の伝達を行うのでしょうか。これにも理由があるのかも知れません。

ダーウィンの自然選択では、遺伝する性質の間に変異があり、それに応じて個体の有利性が決まっているならば、有利なタイプが世代を重ねるごとに頻度《ひんど》を増していき、最終的には有利なタイプだけになってしまうと予測します。生物の遺伝物質は少しずつ変化するので、毎世代新たなタイプが集団中に出現します。

その中には今までのものより有利なものもあるでしょうから、核酸を遺伝物質とする生物は常に、どんどん環境に適したものに進化していくのです。であれば、遺伝物質が全く変化しない、あるいは繁殖をせず不死であるといった「進化しない生き物」がいたとしても、進化する生き物と長い時間競争すれば、進化する生き物はどんどん環境に適したものに進化するため、前者は必ず競争に敗れることになります。

したがって、もし仮に「進化しない生き物」がこれまでに存在したことがあったとしても、それは競争に勝ち抜いて生き延びることはできなかったでしょう。マンガなどでは、考えるのを止めたくなるほどの不死の完全生物が登場することがありますが、それは万能でなければなりません。万能でなければ競争に勝って生き残ることはできないからですが、これは神そのものですね。

後述しますが、最初の生物はＲＮＡを遺伝物質として使っていたのではないかと考えられており、後により安定性の高いＤＮＡを使うようになったと考えられています。現在の生物学では、ＤＮＡの複製が完全ではないのは、物理的、化学的限界ゆえのことであると考えられていますが、ミスコピーをしないシステムは進化できず、競争に勝ち抜けなかったからかも知れません。あらゆることに理由があるとするならば、生物はあえてミスを犯すシステムを採用することで、自らの存続性を確保する道を選んだのかも知れないのです。ともあれ、繁殖とは世代をつなぐ行為であり、繁殖あるがゆえに生き物は進化することが可能になります。これまでに述べたことをまとめると、進化が起こる条件は三つあります。

①世代間で情報が伝わること（遺伝）

②伝わる情報が完全に同じものにならないこと（変異）

③変異体の間に増殖率に関する差があること（選択）

このうち、①と②があれば進化は起こり、③の条件が揃《そろ》えば環境に対する適応が起こります。この三つが揃えば、生物でなくとも進化は起こります。

たとえば、皆さんが子供の頃に遊んだ「伝言ゲーム」というものは、口伝えにある文章を伝える（遺伝）、その途中でミスが生じる（変異）があるので、最初と文章が変化して面白い、というゲームですが、これはまさに言葉の進化です。また、作法が伝承される「茶の湯《ちゃのゆ》」の進化を解析した研究や、一字一字書き写されていた昔の写本の進化を再現した研究などもあります。

進化は生物に特異的な現象ではなく、生物というものが上記三つの条件を兼ね備えたものであるから適応進化を起こすというだけの話です。

しかし、この条件を満たさないものは進化しません。進化したからこそ競争に勝ち、生き延びることができた生き物たちは、必ず「遺伝」というシステムを備えています。こう考えれば、遺伝がなぜ生物学の中で重要な項目なのか理解できるのではないでしょうか。また、遺伝物質が子供に伝えられるとき、子供は遺伝情報を頭のてっぺんから足の先の分まで、全てを完備していなければなりません。そうでないと生きていくことができないからです。

このための仕組みは生物の種類によって異なります。たとえば、バクテリアなどは今の遺伝物質を二つに複製して、ちぎれていく二つの体に一つずつ入れることで元の親の体と同じ状態を復元します。しかし、ヒトなどのようなオスとメスがいる生物では、最初から体を全部作れる遺伝情報（ゲノム）を二セット持っており、そのうちの一セットを卵子や精子に伝え、受精により再び二セットとして親と同じ状態を復元するシステムになっています。

このシステムを理解していると、高校生のときに大嫌いだったかも知れない遺伝の問題も簡単に解けるようになります。どう考えればいいのかは後で説明します。

結局、生物は誕生以来ずっと、遺伝システムに基づいて適応進化を続けてきたものであることは間違いありません。さらに、生物は物質でできていることから、それがどのような性質を備えているかに制限されているのです。

であれば、そこに起こる現象を理解するのに、進化に基づいて考えてみることは必要不可欠です。また、使われる物質の化学的制約や、体の強度などによる物理的な行動の限界が生物のあり方を制約します。

こういう制約条件は進化とともに変化していくので、生物が示す現象はどうしても多様になってしまいます。それでも、そのような物理・化学的制約と、進化という原理が生物に共通する原則であることには変わりがありません。

# 生物は合理的にできている

## 髪の毛の色を決める遺伝子

複製時にミスが起こる伝達様式により複製が行われるシステムでは、必ず進化が起こります。茶の湯のお手前《てまえ》や伝言ゲームでも進化は起こるのですが、話が面倒くさくなるのでここでは生物に話を限ります。遺伝があり、変異があるシステムでは非常に単純なメカニズムにより進化が起こるのです。

たとえば、人間を含む二倍体《にばいたい》の生物の細胞内にはゲノムが二つあり、あるタンパク質を作る遺伝子を二つずつ持っています。そして、子供を作るとき、卵子や精子にそのうちの片方だけを伝えます。卵子と精子が合体（受精）すると、再び遺伝子は二つに戻るのです。全ての二倍体生物はこのような方式で繁殖します。

髪《かみ》の毛の色を決める遺伝子の場合、それを持っていると髪が黒くなる遺伝子をB、金色になる遺伝子をGとします。父と母が両方ともBGという遺伝子型だとす

◆表1

| | | 卵子の遺伝子 | |
|---|---|---|---|
| | | G | B |
| 精子の遺伝子 | G | $\frac{1}{4}$ GG | $\frac{1}{4}$ BG |
| | B | $\frac{1}{4}$ BG | $\frac{1}{4}$ BB |

ると、母が作る卵子の中にはBを持つものとGを持つものが一：一の割合で現れます。父が作る精子でも同じです。このとき、父親と母親の両方の遺伝子を合わせると、Bが二個、Gが二個となり、それぞれの頻度は〇・五です。

ところが、その父母が子供を作ると、子供の遺伝子型は上の表1のように決まります。

つまり、BB：BG：GG＝一：二：一で現れることになります。子供がたくさん生まれるなら、子供の中のBとGの頻度は一：一になり、親の世代と変わらないでしょう。

ところが、もし親が子供を一匹しか産ま

ないとすると、その子供がBBである確率は四分の一で、GGである確率も四分の一ですから、合計二分の一の確率で子供の中からどちらかの遺伝子が消えてしまいます。集団遺伝学では、親の世代と子の世代で遺伝子頻度が変わることを進化と呼びますから、この確率で進化が起きることになります。

卵子や精子の中にどちらの遺伝子が入るかは偶然によって決まるので、確率的に必ず起こる変化です。このとき、髪が黒い方が有利か、金色の方が有利かは何も関係していません。つまり、進化の三番目の条件である「選択」がなくても進化は起きるのです。

このメカニズムはダーウィンの自然選択よりずっと後になって、日本の遺伝学者木村資生《もとお》博士によって発見されました。博士はこれを「遺伝的浮動《ふどう》」と名付けて「自然選択」とは別の進化のメカニズムであると主張しましたが、最初はダーウィン進化論を支持する学者から総スカンを食らい、激しく攻撃されました。

しかし、博士は、間違っているのは批判する方だ、と粘り強く主張を続け、だんだんと証拠も集まり、今では自然選択と並ぶ進化の二大メカニズムとして認知されています。遺伝的浮動は論理的には全く正しいのですが、新しいことを発見することはできても、それを皆に認めさせるのはとても大変なことなのです。

## ダーウィンのアイデア

さて、遺伝的浮動による進化は確かに起こりますが、それでは「生物がなぜ環境に適した性質を進化させるのか」は説明できません。遺伝的浮動では、進化の結果は偶然に決まり、その性質が有利かどうかとは無関係だからです。それを説明するには「選択」が必要です。

生き物が、住んでいる環境にとても適した性質を備えていることは大昔から知られていました。しかし、なぜそのようになるのかは説明できませんでしたし、昔は科学的な考えなどほとんどなかったので、生物の適応は神の偉大さをあらわすものとして解釈されていました。つまり、神が全ての生物をその住む環境に合わせた形でお作りになったのだ、というわけです。

ダーウィンが生きた時代には、生物は大昔から現在の形のままで暮らしており、時間とともに変化するという考えは神を冒瀆《ぼうとく》するものと捉えられていました。そんな中、ダーウィンは、南米まで探検に出かけたビーグル号の船医兼船長の話し相手としてガラパゴス諸島に赴《おもむ》きました。そこで彼が見たものは、島々に住む様々な生き物です。

ガラパゴス諸島は大陸から遠くはなれた島々でしたが、そこに住むフィンチという小鳥や、巨大なゾウガメは島ごとに形が違っており、しかもその住む環境に適した形をしていたのです。たとえば固い木の実が主食となる島では、フィンチのくちばしはペンチのように分厚く、食物であるサボテンの下部が固くなっている島では、カメはクビが上に伸ばせるように甲羅の前部がえぐれていました。

もちろん、これも神の御心《みこころ》だとする考えも可能でしたが、ダーウィンはこれらの動物を見て別のアイデアを思いついたのです。ガラパゴス諸島は大陸から遠いので、フィンチやゾウガメはそれぞれの島に大陸から繰り返し入ってきたのではないだろう。島に一回だけ入ってきて、島から島へと移っていったと考える方が自然だ。だとすると、カメやフィンチはそれぞれの島でその環境に合うように形を変えたのだろう、と。

さらにダーウィンは、当時の上流社会で流行《はや》っていたハトの品種改良などの知識から、様々な特徴を持った個体の中から、ある特徴を持った生き物を選んで交配を繰り返すことで、その特徴をはっきりと持つ品種を作り出すことができると知りました。

品種改良では、生き物を選んで交配させるのは人間ですが、もし自然がそのような選択を行うのならば、生き物は自然に進化するのではないだろうか？　そこでもうひとひねり。生き物が産んだ子供は全て大人になることはできない。大多数の子供は食べられたりして死んでしまいます。

この事実と、ある種類の生き物の個体の間には様々な特徴を持つものが存在するという事実を合わせて考えると、ある生き物が生きている環境では、ある個体は常に他の個体と生存を賭けて競争しているのではないだろうか。たとえば、足が速いなどの生き延びやすい性質を持つ個体は、そうでない個体より高い確率で生き残ることができ、子供を多く残すだろう。その子供はやはり足が速いという性質を備えているだろうから、その種類全体はだんだん足が速い個体ばかりになるだろう。

このようにして、環境に適した性質を持つ個体は自然に常に選ばれており、生き物はだんだんと環境に適した性質を持つように変化していくだろう。――そうです。生存競争に基づく自然選択の発見です。

## 『種の起源』で一大センセーション

ダーウィンはとても慎重な人だったので、自然選択説を発表する前に多くの生物を観察して、自分の考えでその進化が説明できるかどうかを慎重に検討しました。結局、彼がそれを発表したのは晩年になってからで、有名な『種《しゅ》の起源』という本にまとめられています。一説には、若き博物学者のアルフレッド・ウォレスが全く同じアイデアに基づいた進化論をイギリスの学会誌に投稿してきたことを友人から知らされて、用意していた原稿をあわてて発表したともいわれています。

ともあれ、自然選択説は一大センセーションを巻き起こしました。

自然選択説は、神の御心なしに適応進化を説明できるので、教会が権威を持っていた当時のイギリスでは大変な問題だったのです。当然教会は面白くありません。人は神に選ばれた特別な生物で、万物の霊長《れいちょう》として、他の動物の上に立つ存在としてきたのに、自然選択説に基づく進化論が本当ならば、人間だってサルから進化してきたものになるからです。

当時の新聞には、サルの体にダーウィンの似顔絵をくっつけた風刺画が掲載されたりしています。騒ぎが大きくなり、ついに教会と進化論者が対決する日が来ました。教会からはウィルバーフォース大司教が、病身のダーウィンに代わり友人のハックスリーが登場して、民衆の前で対決しました。

大司教は「皆さん、考えてもみてください。進化論が本当ならば、我々人間は醜《みにく》いサルから進化してきたことになる。そんなことが認められますか?」という意味のことを言ったとされています。それに対し、登壇したハックスリーは「論理的に考えて正しいと思われることを認められないのなら、そんな人間であるよりも醜いサルであった方がなんぼかましだ」という意味のことを言ったそうです。

## 進化論とフィンチのくちばし

普段から偉そうに説教ばかり垂れる教会を内心面白く思っていなかった民衆は、ハックスリーに大拍手だったと言われています。こうして、進化論は徐々に認知され、自然選択説は受け入れられていったのです。

自然選択説はとてもシンプルな仮説です。遺伝、変異、選択の三つが揃えば、環境に対する適応は自動的に進む。ただそれだけのことです。論理的に矛盾はないので、後は実際の生物が本当にそのように進化しているかどうかだけが問題です。

これを調べるのはなかなか難しかったのですが、二十世紀になって、はっきりした証拠がいくつか出ています。その一つは元祖ガラパゴス諸島のフィンチについて行われた研究で、島ごとに毎年種子の固さとフィンチのくちばしの厚さを調べた結果、環境の変化により種子の平均的な固さが変化すると、次の年のフィンチのくちばしはそれに適応的な形で変化するということがわかりました。その原因が、「種子の大きさに適さない鳥が死にやすいから」ということもわかっています。

まさに、自然環境が変化し、それに適したものだけが生き残ることによって、適応進化が起こることが示されたのです。その後もいくつかの生物で環境に合わせた進化が起こっていることが示され、いまでは自然選択の存在を疑う人は、少なくとも進化生物学者の中にはほとんどいなくなりました。めでたしめでたし。

生物がこの世に誕生してから三十八億年だといわれています。生物は遺伝と変異を持つシステムとして生まれ、環境の中で生きてきたものです。

そうであるならば、いま存在する生き物は全て三十八億年の間、適応を続けてきたのです。現在の生物が示す様々な現象を、ただ「覚える」のではなく「理解する」ためには、適応進化という一つの基軸の上で考えることが有益です。

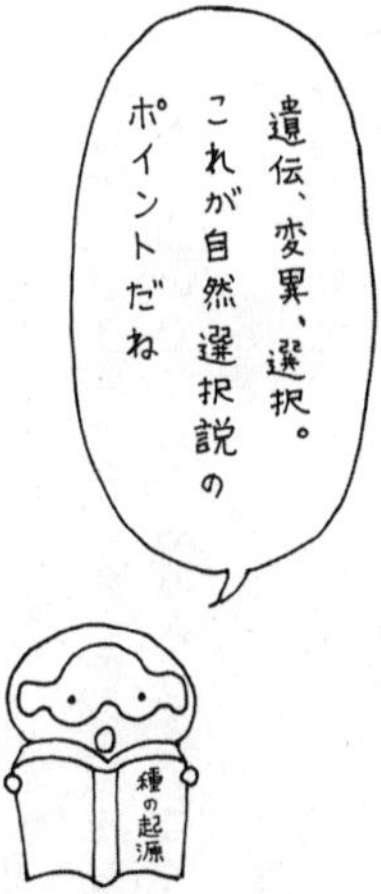
遺伝、変異、選択。
これが自然選択説の
ポイントだね
種の起源

# DNAはなぜ二重らせんなのか――ねじれる理由

## ワトソンとクリックが解明した二重らせん

生物の本質の一つである「遺伝」を担《にな》う物質はDNAです。DNAの構造を解明したジェームズ・ワトソンとフランシス・クリックはノーベル生理学・医学賞を受賞しましたが、その構造は「二重らせん」でした。聞いたことがある人も多いのではないでしょうか。

次頁の図2―1をご覧ください。DNAの構造を示しています。

DNAは「ヌクレオチド」と呼ばれる、五つの炭素が五角形状に連結した構造（五炭糖《ごたんとう》と呼ばれます）の五番目の炭素が、次のヌクレオチドの三番目の炭素につながったものが長く連なっています。一つのヌクレオチドからA、G、C、Tのいずれかの塩基が突き出した形になっているのです。そして、その塩基に対《つい》になるように、逆向きのヌクレオチドの鎖があり、二つの両側の鎖が塩基の部分で向かい合わ

◆図2—1

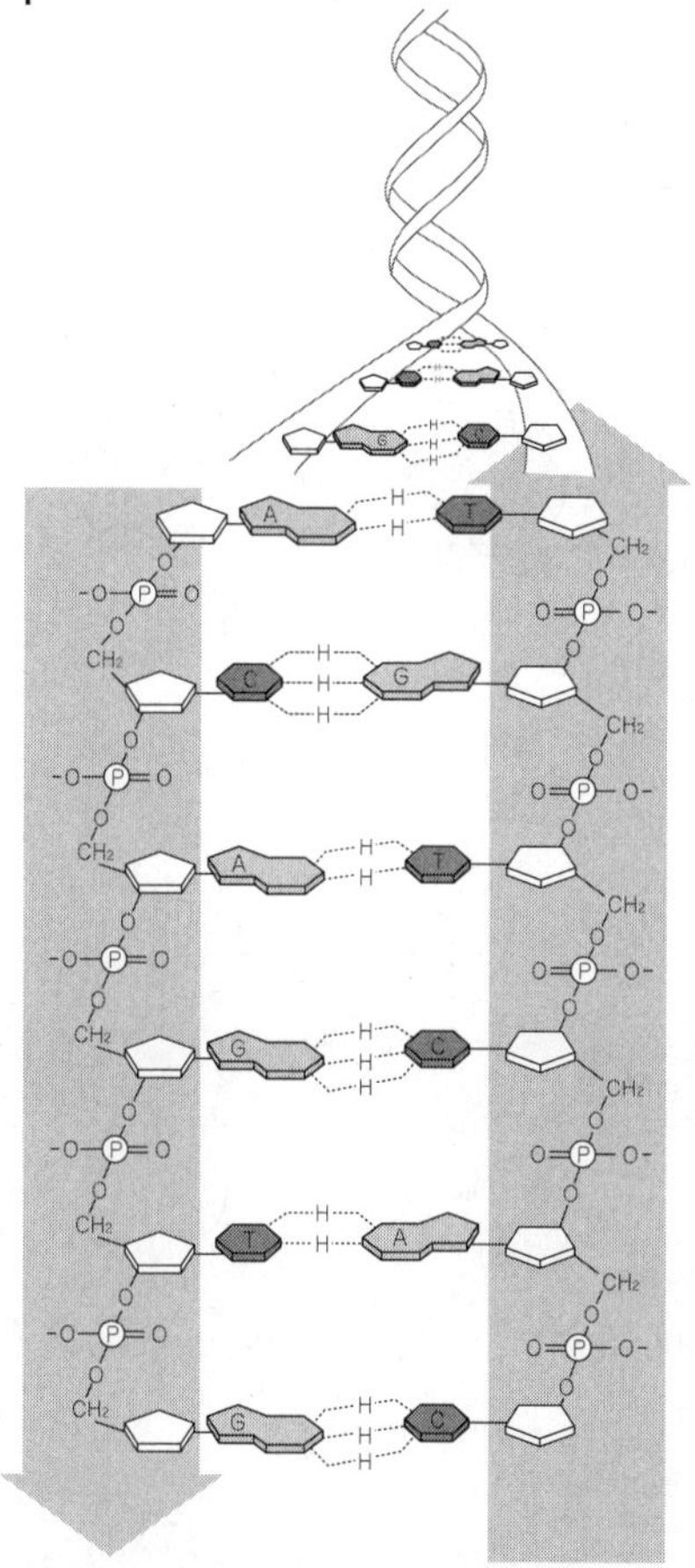
A
H
H
T
CH2
-O
P
O
O
P
O-
CH2
C
H
H
H
G
CH2
-O
P
O
O
P
O-
CH2
A
H
H
T
CH2
-O
P
O
O
P
O-
CH2
G
H
H
H
C
CH2
-O
P
O
O
P
O-
CH2
T
H
H
A
CH2
-O
P
O
O
P
O-
CH2
G
H
H
H
C

## ◆図2―2

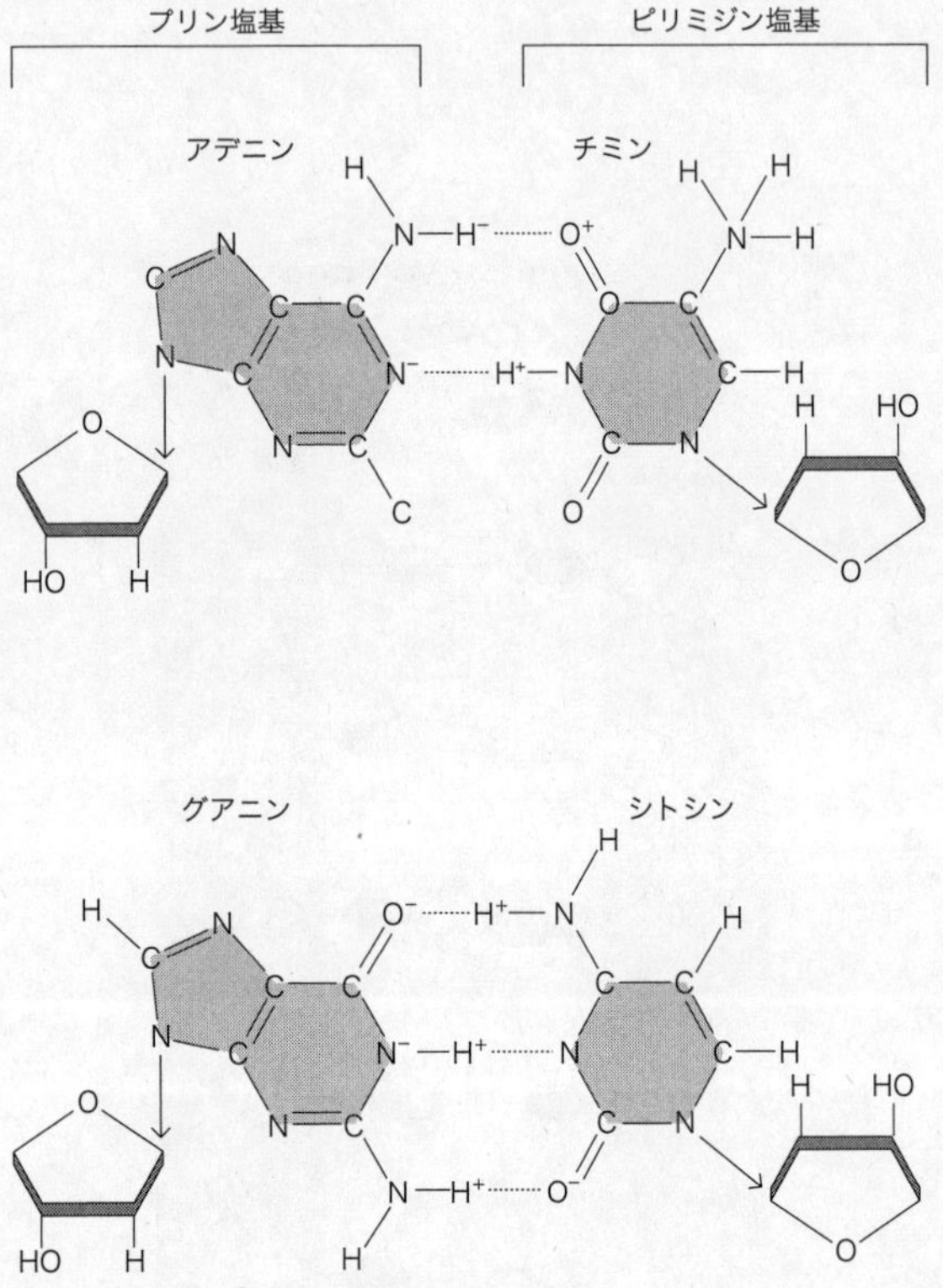
プリン塩基
ピリミジン塩基
アデニン
チミン
グアニン
シトシン

せになるようにつながっています。

つまり、長いはしごのような構造をしているのです。塩基対の部分がヨコげたです。このとき、片側がAなら反対側は必ずT、Gなら対になるのはCになっています。何でそうなのかって？ それは後でお教えします。

## ヌクレオチドの鎖はねじれる

さらに、ヌクレオチドの鎖はまっすぐではなく、らせん状にねじれているのです。逆側の鎖は逆向きにらせんを描いており、ただのはしごではなく二本のらせんがある間隔を持ってずっと続いている構造になっています。だから「二重らせん」です。イメージとしては、はしごの縦棒を持ってねじったようなものだと思ってください。

これは生物学では必ず覚えさせられるもので、皆さんもテストのときに覚えたでしょう。だが、なぜねじれる？ はしごならまっすぐでもいいじゃないか！ でも、そうはいかないのです。

ヌクレオチドの本体部分である五炭糖は五角形なので、他のものとつながる腕が一八〇度の位置に存在することができません。必ず角度を持ってつながっていかなければならないのです。ある角度を持ったものが長くつながるとき、ある周期でらせんを巻くようにすると、まるで細い糸で編まれた毛糸のように、でこぼこさせずに長くつながることが可能になるのです。

ＤＮＡに書き込まれているタンパク質の設計図（遺伝子）は、普通数百から二〇〇〇塩基くらいの長さがあります。おそらく、このような長い糸状になるためにはできるだけ安定な構造をとらなければならず、それが二重らせんだと考えられます。ある意味、化学物質のレベルで最適な状態になっているともいえます。

この構造は、ＤＮＡがもっていなければならない重要な役割を保証しますが、それについては次に見ていくことにしましょう。

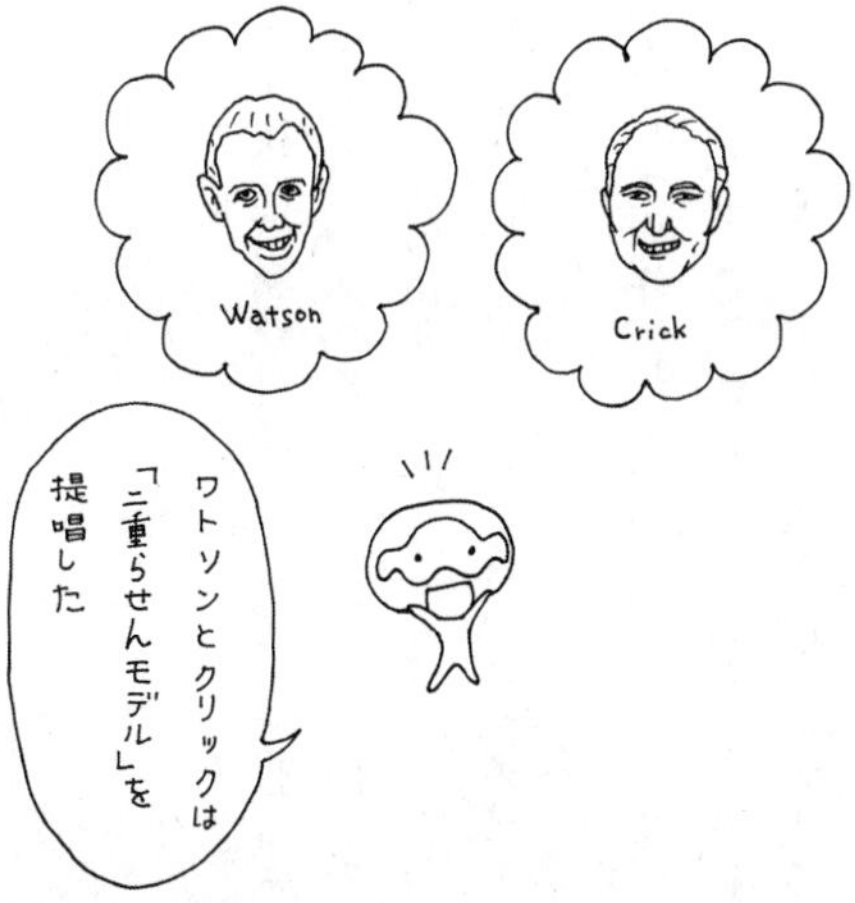
Watson
Crick
ワトソンとクリックは「二重らせんモデル」を提唱した

# DNAのはなし①――遺伝情報は二重に守られている

## 遺伝情報が欠けると生物は生きられない

ＤＮＡの塩基配列にはタンパク質を作り出す遺伝情報が書かれています。ＤＮＡは二重らせん構造をしており、その両側に塩基配列がありますが、遺伝情報はそのどちらかに書かれています。反対側の塩基配列は遺伝情報の、いってみればフタですが、ただのフタではありません。これはこれで役に立っていると思われるのです。

生物の体や代謝は全て遺伝情報から読み出されて形作られます。すなわち、遺伝情報が欠けると生物は生きていけません。であれば、遺伝情報はできるだけ失われないようになっている方が有利です。生きていけないような変異や損失は淘汰《とうた》され、すぐに集団から消えてしまうので、これ以上に強い選択はありません。生物がそれに適応していない訳がありません。

では、ＤＮＡはどのようにして遺伝情報を保護しているのでしょうか。現在、最初の生物の遺伝情報はＤＮＡではなく、フタのない一本鎖になるＲＮＡ（リボ核酸）であったと考えられています。ＲＮＡの鎖の構造はＤＮＡの片側の鎖とほとんど同じですが、一カ所だけ、ＤＮＡと違う所があります。ヌクレオチドの核になる五炭糖の部分で、ＤＮＡでは水素Ｈがついている場所に、酸素と水素が結合したＯＨ基《き》がついているのです。

また、ＤＮＡではＴという塩基が使われているのに対し、ＲＮＡではＵ（ウラシル）という塩基にかわっています。違いはこのくらいしかないのですが、ＤＮＡとＲＮＡには大きく違う所があります。それは物質としての安定性です。

ＲＮＡはＤＮＡに比べ、格段に分解されやすいのです。これはＤＮＡの五炭糖部分についているＨ基は化学的な安定性が高いのに対して、ＲＮＡの同じ位置についているＯＨ基は他の物質と容易に反応するからです。

もう一つ、ＲＮＡが分解されやすい理由があります。バクテリアに寄生して増殖するウィルスはＲＮＡを遺伝物質として使っているものがありますが、侵入したウィルスＲＮＡを分解するために、バクテリアはＲＮＡを壊すためのタンパク質（酵《こう》素《そ》）をたくさん作るのです。このため、体外ではRNAは大変分解されやすく、実験的に核酸を取り出す実験でも、RNAを扱う場合、よほどきちんと対応しておかないと分解されてしまいます。

DNAが使われることで遺伝情報が保護されていることになる第一の理由は、DNAの方が分解されにくいということに尽きます。簡単に分解されてしまえば、遺伝情報そのものが消えてしまいます。これが、生物にとって最も避けなければならない事態であることはすでに述べました。最初RNAであった遺伝情報がDNAに置き換わったのは、遺伝情報の安全性を高めるための適応であったと考えられます。

## 遺伝子のフタ

さらに、DNAではもう一つの意味で遺伝情報がRNAよりも保護されています。それがDNAだけが持つ遺伝子のフタの存在です。DNAは二重らせんになっており、互いの塩基が相補《そうほ》的（A―T、G―Cの組み合わせ）になっているので、実質的には同じ情報が二つの鎖どちらにも存在することになるのです。遺伝子として読み取られ、タンパク質に翻訳されるのは片側の鎖の情報だけですが、フタにも同じ情報はあるのです。

ＤＮＡが翻訳されるときには、二本鎖がほどけて、その片側の配列が読み取られます。このとき、読み取られている鎖が何らかの理由により失われたとしても、フタの部分が残っていれば、そこから元の情報を復元することができます。これは一本鎖であるＲＮＡでは不可能な芸当です。

生命の設計図である遺伝情報は、以上のようにＤＮＡを使うことで二重に守られているのです。

# DNAのはなし②――塩基対と「はしごの論理」

## DNAの縦棒とヨコげた

DNAは二重らせん構造をしています。このとき、DNAの片側の鎖は五炭糖を核とした「ヌクレオチド」という単位が鎖状につながっており、二本の鎖の間に塩基対が形成されています。厳密にいうと違うのですが、イメージとしては、二重らせんは長いはしごをねじったようなものです。

DNAに書き込まれた遺伝情報は、三つの塩基が一つのアミノ酸を指定するようになっており、アミノ酸がつながった一つのタンパク質は、数百のアミノ酸でできています。すなわち一つの遺伝子をつくるには、その三倍の数の塩基対が必要なのです。何がいいたいかというと、DNAは長くなければ役割を果たせないということです。

RNAのように一本鎖なら、どれだけ長くても別に問題ありませんが、二本鎖ではそういうわけにいきません。長くなるためにはある条件が必要です。それが「はしご」です。安定した状態で長くなるためには、両側の鎖が一定の間隔で並んでいる必要があるのです。現実のはしごは、短くて倒れにくいことを優先した脚立《きゃたつ》などを除いては、二本の縦棒が平行に並び、その間を一定の長さのヨコげたを渡してあるつくりになっています。

この構造は数学的に考えるとこうなっていなければならないもので、その理由は、二本の縦棒を用いて長い構造を作り出すためには、縦棒同士が「平行でなければならない」からです。平行でなければいずれ交わってしまうので、長くすることができません。

## DNAは無限に長くなれる!?

ＤＮＡでは、縦棒の役割を果たすのがヌクレオチドの鎖で、ヨコげたの役割を果たすのが塩基対です。ヌクレオチドの鎖はらせん状にねじれていますが、二本のらせんがずれて平行になることで、ずっと同じ間隔を保って長く伸びることが可能になります。

また、ヨコげたである塩基対では、炭素を五つ持つ五角形の五角環という化学構造と六つの炭素からなる六角環が結合したプリン塩基（A、G）と、五角環だけからなるピリミジン塩基（C、T）が必ず向かい合わせになることで、常に一定の間隔を保つようになっています（四七頁図2—1参照）。

塩基対の組み合わせは必ずA—T、G—Cでした。プリン塩基とピリミジン塩基が対になることで、ヨコげたが常に一定の間隔になり、「はしごの論理」が完成します。これでDNAは原理上、無限に長くなることが可能になるのです。

実際の生き物では、数十億塩基対に及ぶ全ての遺伝情報がたった一本の二重らせんDNAに収まっている種類もいます。遺伝物質がDNAに落ち着いたのも、遺伝情報に必要な長さを、DNAならば実現することができたからです。

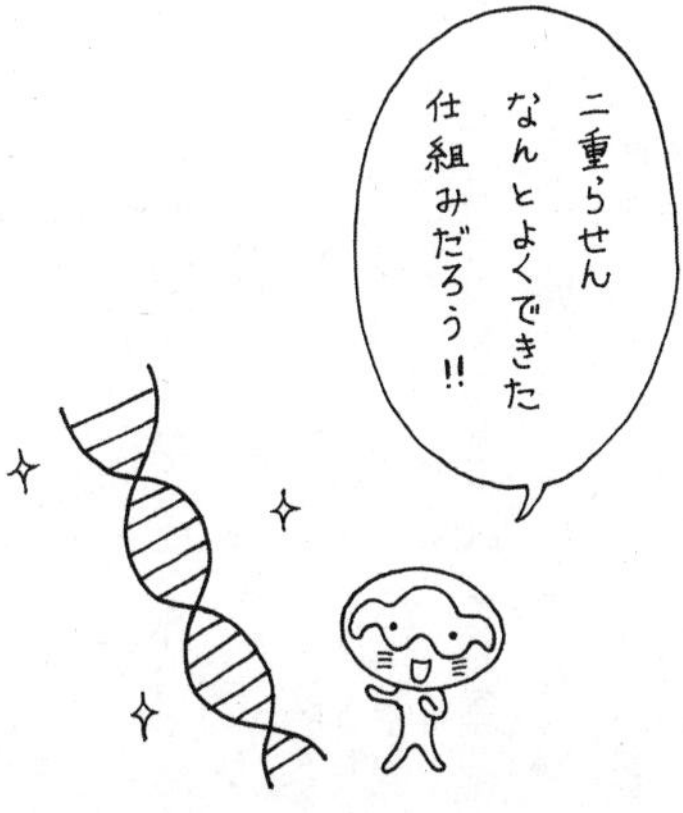
二重らせん
なんとよくできた
仕組みだろう!!

# DNAのはなし③——A—T、G—Cの組み合わせになるわけ

## A、G、C、T——四つの塩基

DNAはヌクレオチドがつながってできた二本の鎖が向かい合わせになり、その間にはしごのヨコげたのように、両側から二つの塩基が伸びてそこでつながっています。そのとき、A、G、C、Tの四つの塩基のうちで、向かい合わせになっているものは必ずA—T、G—Cの組み合わせです。

AとGは、プリン塩基という長い塩基、TとCはピリミジン塩基と呼ばれる短い塩基です（四八頁図2—2参照）。はしごが平行のまま長く伸びるためには、ヨコげたの長さが常に一定でなければなりません。塩基対ができるときに必ずプリン塩基とピリミジン塩基が向かい合わせになるのは、間隔を一定に保つためです。

しかし、それならば、なぜA—CやG—Tの組み合わせがないのでしょうか。もちろんこれにも理由があります。およそ全てのことには理由があろうというもので

す。

塩基対の塩基同士の結合は、普通の化学物質の元素同士がつながっているやり方とは異なる力で結びついています。普通の結合は共有結合といい、二つの分子の一部が、電子を共有することで一つの化合物としてつながっています。この結合は化学物質の構造を表す図では「線」として表されており、強く結びついているので、滅多なことではバラけてしまいません。

## A—T、G—Cがペアになる理由

ところが、塩基対の間の結合はこの共有結合ではなく、プラスまたはマイナスの電荷《でんか》を帯びた末端の元素が向かい合わせになることで、その電気の力で引き合う水素結合と呼ばれるつながりです。プラスの電荷を帯びた元素はマイナスの電荷を帯びた元素と引き合うので、この力でつながっているのです。

また、この引き合う力はとても弱いので、プラスマイナスの電荷を持った元素がとても接近していないと働きません。遠く離れた磁石がくっつかないのと同じことです。

塩基対は水素結合でつながっている——これが、ペアが常にA―T、G―Cに限られる理由です。四八頁の図2―2を見てください。

少々難しいのですが、A、G、C、Tの四つの塩基の向かい合わせになる側の元素と、それぞれがプラス、マイナスどちらの電荷を持つのかが書かれています。わかりやすくするために、逆向きのヌクレオチドから突き出た二つの塩基が向かい合わせになっています。

A―T、G―Cのペアで書かれていますが、一目瞭然《りょうぜん》。この組み合わせだと、逆向きに向かい合ったとき、末端の元素の電荷がプラスに対してマイナスが来るようになるのです。

A―C、G―Tだと、電荷がプラス同士、マイナス同士になってしまい、引き合う力が生じません。A―T、G―Cの組み合わせのときだけ、引き合う力が生じ、水素結合をつくります。つまり、DNAが二重鎖の形を維持するためには塩基対が水素結合によって引き合うことが必要で、そのための組み合わせはA―T、G―Cしかないということです。

さらに、塩基対の間だけ水素結合が使われていることにも理由があります。水素結合はとても弱いつながりなので、熱などのエネルギーが加わると容易に引きはがすことができます。DNAの機能を考えたとき、これはとても重要なポイントです。

DNAには遺伝情報が書き込まれており、それは塩基配列として存在します。したがって、必要なときには二重鎖をほどき、配列を読み取れるようにしておかないと意味がありません。そこで水素結合ですよ。共有結合と異なり、水素結合は少しのエネルギーで容易に外すことができます。

さらに、熱エネルギーでは共有結合は外れないので、ヌクレオチドをつなぐ共有結合はそのままに、二重らせんの片側に書き込まれた遺伝情報をもつ塩基配列を、配列の形のままで読み取りに必要な一本鎖の形にすることができるのです。二重鎖として遺伝情報を保護しつつ、必要時には容易に外せること——。この矛盾した要求に答えるのが、水素結合で塩基をつなぐことでした。そしてそれは必ずA—T、G—Cのペアでなければならなかったのです。

## 「覚える」のではなく「理解する」

　このような分子レベルでも、生物の機能はちゃんと「うまくできて」います。それが適応の結果なのかどうかはなかなかわからないことですが、DNAの構造すら、生物の進化という観点から理解できるのです。

　私は、この仕組みを大学生になって初めて理解したとき、感動すると同時に、「なぜもっと早く教えてもらえなかったのだろう」と思いました。知っていれば、無意味に「プリン―ピリミジン」とか、「A―T、G―C」とか唱えなくても済んだのに……。

　高校生物では、塩基対はプリン塩基とピリミジン塩基の組み合わせであり、A―T、G―Cの組み合わせになることは教えられ、覚えさせられますが、こんなこと、ただ覚えようとすれば念仏を覚えるのと同じくらい面倒くさい。しかし、以上の説明のように、「なぜ、必ずプリン塩基とピリミジン塩基の組み合わせになるのか、そしてなぜ必ずA―T、G―Cの組み合わせになるのか」を理解できれば、「そうなるんだ」と自然に覚えられるようになります。

　高校生には難しい？

ただ大量の知識をむやみに暗記しなければならない形でしか教えないのと、理解力のある子なら、納得して容易に覚えることができるような説明をするのと、どちらが罪深いでしょうか？　世の中は本当にわからないことばかりです。

# 遺伝物質はなぜDNAになったのか

## DNAとRNA

知られている限り、ウィルスの一部を除いては遺伝物質としてDNAが使われています。その一部のウィルスはRNAを使っています。このことから考えて、最初の生命は遺伝物質としてDNAを使っていたのではないかと思われていました。しかし、DNAが最初の生命の遺伝物質であったと考えると、生命の進化をうまく説明できません。なぜでしょう。

現在の生物は、DNAに存在する塩基配列をタンパク質に翻訳します。タンパク質は体を形作ったり、体内で必要な化学反応を触媒《しょくばい》する酵素として、生命活動の維持に欠かせないものです。DNAの塩基配列がタンパク質に翻訳される過程では、塩基配列の情報から、アミノ酸がタンパク質の鎖を作っていくとき、メッセンジャーRNA、リボソームRNAそしてトランスファーRNAという三種のRNAが仲

◆図3

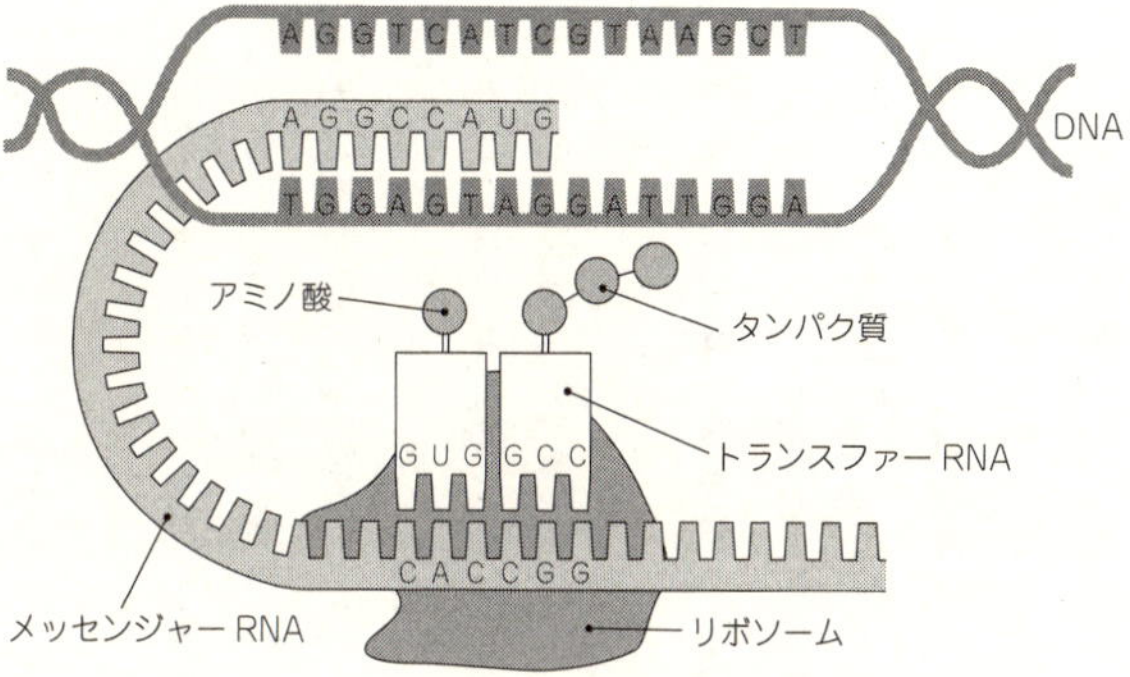


立ちをしています。上の図3をご覧ください。翻訳の際、DNAの塩基配列（遺伝子）は相補的な配列としてメッセンジャーRNAに写し取られます。たとえばDNAの配列がGATなら、CUAとして写し取られるのです。

そしてメッセンジャーRNAはリボソームRNAとタンパク質でできたリボソームの特定の位置に固定されます。

リボソームは、アミノ酸を指定するメッセンジャーRNA上の三つ組の塩基（コドン）を読み取り、それが指定するアミノ酸と結合したトランスファーRNAを捕まえます。トランスファーRNAは、メッセンジャーRNA上のアミノ酸を指定する配列と相補的な配列を持つ認識部位を持っており、配列の種類ごとに特定のアミノ酸と結合しています。

認識部位がメッセンジャーRNAのコドンの位置に固定されると、トランスファーRNAからアミノ酸が切り離されてできかけのタンパク質の鎖に追加されます。

このときの塩基配列情報の移し替えは、たとえば、DNA上、メッセンジャーRNA、トランスファーRNAの順で、GAT、CGU、GATとなるわけです。

大事なことは、DNA上の塩基配列がタンパク質に翻訳される過程のほとんどをRNAが司《つかさど》っているということです。

## 最初の生命はRNAだけを持っていた?

さて、現在の生物はDNAを遺伝情報として使い、代謝に必要な化学反応はタンパク質によって制御されています。しかし、最初の生命というものを考えたとき、この系が使われていたとは思えません。最初の生命は遺伝情報により自己増殖し、代謝を行うという機能を備えていなければならなかったはずです。

しかし、前項で説明したような、DNA、RNA、タンパク質からなる複雑なシステムが偶然いっぺんにできることは確率的にあり得ないでしょう。だとすると、代謝を司る触媒として働くタンパク質が最初は遺伝物質も兼ねていたのか？

そういう説もありましたが、これも、タンパク質がタンパク質を複製する仕組みは現在ないですし、タンパク質が最初なら、なぜ遺伝情報がＤＮＡに格納され、翻訳にＲＮＡが使われるようになったのか説明できません。

では、最初の生命はＤＮＡだけでできていて、ＤＮＡが代謝も司っていたのでしょうか。しかし、ＤＮＡは非常に安定性の高い化学物質なので、それ自体が化学反応を起こすことは考えにくい。さらに、化学反応を制御する触媒としての機能も見つかっていません。すると残るは一つ。最初の生命はＲＮＡだけを持っていた、という可能性です。

生命はおそらく一度しか発生しなかったと考えられていますが、最初の生命がＲＮＡだけを持っていたとすると、必要な条件を満たすことができるでしょうか。ＲＮＡはＤＮＡに比べて反応性がとても高い化学物質です。さらに、ＲＮＡは一本鎖なので、ＤＮＡのように紐状《ひもじょう》であるだけではなくて、自分自身の中にある相補的な塩基配列の部分でつながって、立体構造を作ることができます。つまり柔らかい。

実際、トランスファーRNAは自分自身でつながって、クローバーの葉のような立体構造をとります。そして、この立体構造が、自身が指定しているアミノ酸と結合するときに重要な役割を果たすのです。トランスファーRNAは化学反応の速度を制御する触媒としての機能は持っていませんが、固いDNAとは異なり、そのような機能を持つ可能性があるのです。

実際、RNAだけで触媒機能を持つ場合があることは後に証明されています。また、RNAはヌクレオチドがつながった鎖構造で塩基配列を持つので、それ自身が遺伝情報となることができます。

まとめると、最初の生命が、RNAだけを袋《ふくろ》に閉じ込めた状態になっていたとしても、その細胞は、そのRNA自身を鋳型《いがた》として自分と同じ塩基配列を複製するという代謝を行うことができたかも知れません。

それならば、生命としての必要条件をクリアできます。最初の生命はそういうものとして生じ、徐々に代謝を司る機能はタンパク質に、遺伝情報としての機能はDNAに移されていったのでしょう。タンパク質はRNAに比べても格段に柔軟性が高く、様々な立体構造をとれるので、触媒としてはRNAよりずっと有用です。

## 科学者は真実がわかる日を夢見る

ＤＮＡはＲＮＡより安定性が高い上、二重鎖という構造から、ＲＮＡより遺伝情報を厳重に保護することができます。つまり、ＲＮＡからＤＮＡ、タンパク質への移行には、適応進化という観点からも必然性があるのです。その結果として、現在見られるＤＮＡ↓ＲＮＡ↓タンパク質という遺伝情報発現《はつげん》の系が完成したのではないでしょうか。

この、最初の生命はＲＮＡだけでできていたという仮説は「ＲＮＡワールド仮説」と呼ばれます。非常に説得力がある仮説ですが、現在ウィルス以外にＲＮＡを遺伝情報としているものは見つかっていないので、それが事実であるかどうかはいまだ検証の途上です。生物の歴史で、現在は見ることができないものが過去にはどうなっていたのか、ということは、検証するのが最も難しい課題です。

タイムマシンにお願い、というわけにはいかず、過去に戻って実際に観察することはできないからです。それでも科学者たちはあの手この手を使って、生命の謎に挑戦し続けているのです。いつの日にか真実がわかることを夢見て――。

# 酵素は有能——タンパク質の利用

## タンパク質は柔らかい

「RNAワールド仮説」では、生命に必要な化学反応を起こすための触媒機能は、RNAからやがてタンパク質に置き換わったのではないかと考えられています。四種類の塩基しか持たないRNAと違って、タンパク質は二〇種類ものアミノ酸の鎖からできています。したがって、配列の多様性がRNAに比べてとても高いのです。たとえば単位が二つつながった一番単純な配列でも、RNAは四×四＝一六通りに過ぎないのに対し、タンパク質なら二〇×二〇＝四〇〇通りもあります。

また、タンパク質はRNAに比べても、とても「柔らかく」、様々な立体構造をとることが可能です。アミノ酸の中には電荷を持つものや、同じアミノ酸と強く結合するものもあるので、アミノ酸が長くつながった鎖（ペプチド）は、様々な立体構造をとることが可能です。さらに、そういうからまったペプチドが複数つながることで、もっと複雑な構造をとることが可能なのです。

生命体の代謝では、実に様々な化学反応が使われています。化学反応はエネルギーが加わらないと進まないものです。皆さんも中学や高校の化学実験で反応させるために、薬剤を入れた試験管を火で温めたりしましたよね？

ところが、生物の温度というのはそんなに高くはなく、二〇～四五度くらいの温度しかありません。

だいたい、タンパク質自体が六〇度以上くらいになると変性《へんせい》といって、二度と元には戻れない形で縮まってしまいますから、生物の体温を高くすることはできないのです。そのような低温の下で化学反応を進めるのに必ず必要になるのが「触媒」です。

**触媒自身は変化しない**

触媒は、化学反応が起こるのに必要なエネルギーを下げることができる物質のことです。そのような役割を果たしても触媒自身は変化しないという特徴があります。低い温度で少しのエネルギーしかない生物の体内で、化学反応を進めるためには触媒によるコントロールが必須になります。

RNAワールドでは、RNA自身が触媒としての役割を果たしていたのではないかと推測されていますが、現在の生物においてこの触媒の役割を果たしているのがタンパク質でできた「酵素」です。というより、触媒としての機能を持つタンパク質を酵素と呼んでいるのです。ひとつの触媒は特定の化学反応しか制御できないので、いくつもの化学反応を同時に触媒するには、反応の数だけ触媒の数も必要です。

生物の体内で行われる化学反応は無数にありますから、無数の触媒が必要です。この必要性が、配列の多様性が限られているRNAではなく、タンパク質が触媒(＝酵素)として用いられるようになった理由かも知れません。酵素は触媒としては極めて有能で、化学反応に必要なエネルギーを大きく下げることができます。その程度は、金属などが持つ触媒作用よりはるかに大きいのが普通です。つまり、酵素にはとてもたくさんの化学反応を制御できるだけの種類があり、しかもその性能は非常に高いのです。なぜこんな離《はな》れ業《わざ》ができたのか?

その答えは、やはりタンパク質の多様性の高さにあると言えるでしょう。タンパク質は、二～三〇〇のアミノ酸が結合したペプチドからできていることが普通ですが、それぞれの場所に二〇種類のアミノ酸が入ることができるのですから、可能な配列の数は、二～三〇〇の二〇乗というとてつもない数になるのです。

もちろん、その全てが触媒機能を持つわけではありませんが、一%が触媒機能を持っていたとしても、その数は二～三〇〇の二〇乗の百分の一ですから、やはり天文学的に大きな数字です。これだけあれば、体内のたくさんの化学反応に、逐一触媒としての酵素を充《あ》てることも可能です。適材適所、というわけです。

また、酵素の触媒としての効率がとても高いことも、タンパク質の多様性に自然選択が働いた結果であると考えられます。大昔の生物では、酵素の効率はいまほど高くなかったかも知れません。しかし、より効率の高い酵素を持つ方が、化学反応の制御を少ないエネルギーで行うことができるので、効率の高い酵素を作り出す遺伝子が現れた場合そのような遺伝子を持つ個体が有利になり、酵素の機能も洗練されていったのでしょう。

実際に、タンパク質のアミノ酸配列が変わると酵素の触媒効率が変化することが知られています。そのメカニズムを説明すると、DNAの塩基配列に突然変異が起こり、配列が変わると、翻訳されるアミノ酸の種類が変わり、タンパク質のアミノ酸配列も変化するのです。その結果、タンパク質の立体構造が変わり、触媒としての効率が変わります。

現在知られている遺伝病の多くは、特定の遺伝子の塩基配列が変化していることによって、作り出されるタンパク質の酵素としての機能が失われたり、効率が低くなっていることが原因であるとわかっています。逆に言えば、このような少しの変化でも酵素の機能が大きく損《そこ》なわれることは、現状の酵素が高い機能を持つように進化してきた結果だということを示しています。

## 生命の仕組み・秘密は進化によって説明できる

ここでも、自然選択に基づく進化が、生命にとって非常に重要な酵素の出現とその洗練化に大きく影響しています。

生物の中ではある化学物質から別の化学物質へと、一定方向への変化が必要です。ブドウ糖を分解してエネルギーを取り出すのに、逆向きに反応が進んだら必要なエネルギーを取り出せないからです。このような反応の方向性の制御は生物にとって大切なことですが、反応がどちらに進むかは、反応前と反応後の物質の量によって決まっており、触媒自体が反応の向きをコントロールしているわけではありません。

酵素は、正方向への反応も、逆方向への反応もどちらも触媒します。たとえばブドウ糖を分解する場合、ブドウ糖が供給されたときには分解後の産物はありません。したがって、水が高きから低きへと流れるように、反応はブドウ糖を分解する方向へ進むのです。しかし、分解産物がそのまま処理されず、供給されるブドウ糖より多くなってしまった場合は、ブドウ糖が合成されるという逆方向へ向かっての反応が起こります。

しかし、生物の体の中では、必要な反応によって現れた産物は、すぐに別の反応によって別のものになってしまうので、通常逆向きの反応が起こることはありません。この作用により、生物の代謝システムは、川の流れのように常に一定方向へ向かって進み、全体として滞《とどこお》りや不都合なく制御されているのです。

ＤＮＡの構造や働き、そこからの遺伝情報の発現、でき上がったタンパク質の酵素としての働きの洗練、そして必要な方向への反応だけが起きるように制御するメカニズム。神の御業としか思えない生命の精巧な仕組みも、生命の誕生に関わる秘密も、自然選択に基づく進化を考えるとうまく説明することができるのです。

# 細胞の誕生——勝手にできるリン脂質の二重膜

## 生物は「小さな部屋」でできている

最初の生命は水の中で誕生し、遺伝物質を持ち、それを複製するような代謝を行っていたと考えられます。しかし、ただ無限に広い水中で、そのような反応を起こす物質が一時的に集まったとしても放っておけばすぐにバラバラになってしまうでしょうから、生命活動は維持されません。

生命がその働きを続けていくには、ごく狭い空間に遺伝物質が閉じ込められ、そこで代謝が行われる必要がありました。

現在、全ての生物(ウィルスを除く)は、細胞膜と呼ばれる膜に囲まれた小さな部屋(細胞：cell)でできています。細胞膜は、体内と外界を区切る境目ですから、最初の生命からすでにこの構造があったはずです。一体それはどんな構造で、自然にできてくるものなのでしょうか。

◆図4

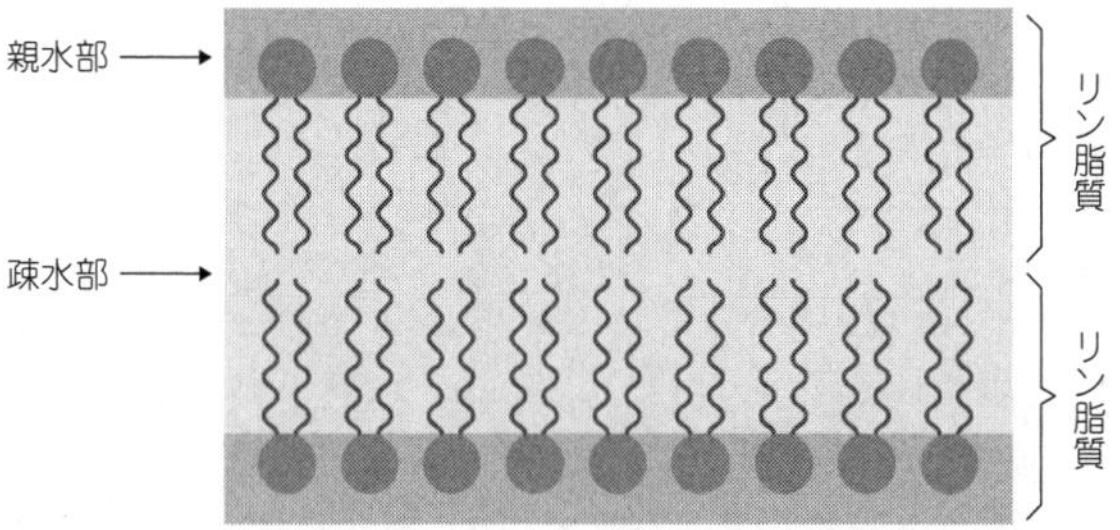
細胞膜ではリン脂質は二重に層をなす


細胞膜は、リン脂質《ししつ》という物質でできています。模式的《もしき》に表すと、球状の頭部と紐のように伸びた足からなる、いわばタコのような形をしています。上の図4をご覧ください。この球状の部分は水となじみやすい性質（親水性）を持っており、逆に足の部分は油とはなじみやすいが水とはなじみにくい性質（疎水性《そすい》）を持っています。

細胞膜は、このリン脂質が足の部分で向かいあった構造になっています。再び上の図4をご覧ください。そしてこのような膜でできた球を形作っているのです。

このような構造ができるのは、実は自然なことです。リン脂質をたくさん水中に入れてかき混ぜると、一つ一つのリン脂質はバラバラになってしまいます。しかし、足の部分は水となじみが悪いので、なじみやすい他のリン脂質の足の部分と向かい合わせになっていきます。この構造がどんどんつながると細胞膜の基本であるリン脂質の二層構造ができ上がります。

これは水の中で起こるので、このリン脂質膜は、水となじみにくい足の部分ができるだけ水とくっつかないような形をとろうとします。そうすると二重膜でできた球状になってしまうのです。水が存在する膜の外側と内側に向けて水となじみやすい頭部が接するような構造になるので、この球構造は安定です。

一言でいえば、水の中にリン脂質がたくさん存在するだけで、細胞膜と同じ基本構造を境界として持つ小球が勝手にできてしまうのです。

## 細胞の誕生

最初の生命とは、おそらくこのような小球の中に、遺伝物質や代謝を担うＲＮＡが閉じ込められてできたのでしょう。細胞の誕生です。

このリン脂質による二重膜の球は、自然選択によってできたわけではありませんが、なぜそうなるのかについてはこういう合理的な理由があるのです。

生命の示す現象について、どうなっているのかだけを羅列してもとてもわかりにくい。しかし、なぜそうなっているのかを示せば、それを理解し、記憶するのは容易です。しかし、意味もなく様々な現象がただ羅列されている生物の教科書。あえて言おう、カスであると。

# 細胞の合体――葉緑体とミトコンドリア

## 生命に必要なエネルギー

最初の生命ができ上がると、同時に進化が始まります。進化は遺伝、変異、選択があると自動的に進む過程なので、これらの前提を備えた生命体はおのずと進化していきます。広い海の中で、どんどん増える生物は生息域を広げたでしょう。異なる場所ではどのような性質が有利になるかが異なりますから、様々な場所で様々な性質を持つ生物が進化していったことでしょう。ガラパゴス諸島の生き物たちのことを思いだしてください。こうして生命の多様化が起こりました。

生物にとって、生命活動に必要なエネルギーをどうやって手に入れるかは重大なことだったでしょう。現在の生き物は、ブドウ糖などの糖を分解して、そこからATPという物質を取り出し、その中にあるエネルギーを使っています。

この過程には二つの化学反応系が存在します。一つは解糖《かいとう》系と呼ばれる過程で、ブドウ糖が別の化学物質に変えられていくあいだにATPが少し取り出される反応系です。これは全ての生物が持っているので、現在の生命の元になった祖先はすでにこの系を持っていたと考えられます。

もう一つの系はTCA回路（＝クエン酸回路）と呼ばれるもので、解糖系の最終産物を起点として、酸素を利用し、多くのATPが取り出される反応系です。例のリンゴ酸、フマル酸など多くの物質に変換されていく過程ですね。

TCA回路の最終産物が解糖系の最終産物と結びつくことで、再び回路の最初に戻るので、回路は回り続けます。TCA回路は酸素呼吸をする生物だけが持っています。そしてこれらの働きは、ミトコンドリアと呼ばれる細胞内小器官で行われています。

また、植物は葉緑体《ようりょくたい》という細胞内小器官を持っており、その器官を使って水と二酸化炭素と光のエネルギーからブドウ糖を作り出すことができるようになっています。解糖系もTCA回路もブドウ糖がなければエネルギーを作ることができません。動物は食べ物を食べることでそのようなエネルギー源を取り込みますが、植物は食べる必要がないのです。実際、植物には口や消化器もありませんし、食べ物を探して動き回ることもありません。自分で食べ物を作り出すことができるのですから、そのような形に進化したのも当然でしょう。

## ミトコンドリアは細胞の中で生き延びる

閑話休題。

ミトコンドリアや葉緑体には、他の細胞内小器官とは異なった性質があります。それは細胞本体のＤＮＡとは別にＤＮＡを持っているということです。それらはいくつかのタンパク質を指定しており、それらのタンパク質は各々の中で化学反応の触媒として使われています。

どうしてこんなことになっているのか？　かつてはわかりませんでしたが、いまは答えらしきものが見つかっています。

それは、ミトコンドリアや葉緑体は、それが現在含まれている細胞とは別の生物であったものが、細胞に飲み込まれて細胞内小器官となった、という仮説です。ミトコンドリアはブドウ糖から効率よくエネルギーを取り出すように進化した生物、葉緑体は光のエネルギーからブドウ糖を作り出せるように進化した生物だったのですが、それらを取り込んだ細胞はその能力も同時に獲得することとなり、生存に大変有利だったと考えられます。

ミトコンドリアや葉緑体は、現在の家畜のように、安全に生活する場所を与えられ、細胞の中で生き延びてきたのです。現在、細胞が持っている核ゲノムＤＮＡの中には、元々ミトコンドリアが持っていたと考えられる遺伝子が存在することがわかっており、この取り込み仮説を支持する結果だと考えられています。

「君と融合したい」といわれてミトコンドリアや葉緑体は細胞と融合し、細胞は新たな生命体へと進化したのでしょう。これは、遺伝子に突然変異が生じて変異体ができて起こる進化とは全く別のメカニズムによる飛躍的な進化です。生物界は広大だぞ。

# ゲノムの戦い

## 細胞とミトコンドリアの関係

ミトコンドリアや葉緑体は、元々は細胞本体とは別の生物で、細胞に吸収される形で細胞の一部になったと考えられています。住む場所や活動の源《みなもと》になる物質を細胞から提供されて暮らす、いわば家畜のような存在です。豚《ぶた》の原種がイノシシであることを見ればわかるように、家畜は人間の都合のいいように性質を変えられています。家畜は人間なしに暮らせないように変化していますが、果たして細胞とミトコンドリア（または葉緑体）の間でも、このような支配関係が見られるのでしょうか。

元々別の生物なら、別々の遺伝物質を持っていたはずです。現在、ミトコンドリアや葉緑体が持つDNAは、その名残《なごり》だと考えられています。適応進化は遺伝、変異、選択があれば自動的に起こります。生物が持つDNAには多数の遺伝子が含まれていて、それらが相互作用することで一つの生物が作り出されています。

ミトコンドリアや葉緑体を持つ細胞の中には、細胞本体のもの（核ゲノム）とミトコンドリアや葉緑体のものである複数のゲノムが存在して、それぞれが複製を行っているわけです。

ここではミトコンドリアの例を挙げます。ミトコンドリアが同居してくれている細胞は、そうでない細胞よりも、同じ量のブドウ糖からはるかに大量のエネルギーを取り出すことができるのでとても有利です。そのような細胞がたくさん増えれば、ミトコンドリアもたくさん増えることができるので、厳しい外界で暮らす単独のミトコンドリアの原種よりも有利でしょう。

つまり、細胞とミトコンドリアの関係は共存共栄です。しかし逆にいえば、現在同居してくれているミトコンドリアが出ていってしまえば、細胞にとっては大きなダメージになります。そこで細胞は、ミトコンドリアが逃げ出せないようにする性質を進化させます。共存共栄なのですが、同時に自分が不利にならないよう主導権を握ろうとする進化が起きるのです。

## 核ゲノムの巧みな方法

この戦いがどのような結末となったのかは、核ゲノムとミトコンドリアゲノムをよく調べることでわかりました。現在の核ゲノムの上には、元々ミトコンドリアゲノムの上にあったとおぼしき遺伝子がいくつも存在しています。これらの遺伝子から作り出されるタンパク質は、ミトコンドリア内でのエネルギー産生《さんせい》反応に必要な酵素として使われています。

このことから、これらの遺伝子は元々ミトコンドリアゲノム上にあったと推定されています。なぜこんなことが起こるのか? 核ゲノムから見れば、ミトコンドリアに逃げられることは大変な損失です。ミトコンドリアから遺伝子を奪って自分のゲノムに取り込んでしまえば、ミトコンドリアは細胞を離れて自分で生活することが不可能になります。つまり、核ゲノムはこのやり方で、ミトコンドリアが逃げ出さないようにコントロールしているのです。

現在、ミトコンドリアに残っている遺伝子のうち、次はどれが核ゲノムに移動するかまで予想されています。このように共存共栄の関係である細胞とミトコンドリアの間でも、実は熾烈《しれつ》な支配の綱引きが行われています。

生物の世界では、協力があるところには必ず対立があります。私たち人間が都合のいいように家畜を改良して、支配しているのと似ていますね。

# エネルギーを作る①——なぜ酵素反応系は水の中なのか

## 葉緑体がないと生物は……

ミトコンドリアはエネルギー産生、葉緑体は糖の合成と働きは違いますが、どちらも生物のエネルギー代謝に大きく関わっています。地球上の全ての生物は、何らかの形で外部のエネルギーを、代謝可能な形で取り込まないと生命を維持することができません。そして、エネルギーの原料となるブドウ糖は自然にできてくるわけではないのです。

生命活動に必要なエネルギー、そのほとんど全てはブドウ糖の中に蓄えられているエネルギーとして、植物の葉緑体が光のエネルギーを転換することによって生物の世界に取り込まれています。つまり、葉緑体がないと生命活動に必要なエネルギーはどこからも補充されず、生物の世界は滅ぶのです。

このことは、植物を草食動物が食べ、肉食動物が草食動物を食べ、それが死ぬとバクテリアなどに分解され、再び植物の生長につながっていくという食物連鎖《れんさ》を考えればわかります。生命活動で消費されたエネルギーの一部は熱などとして環境中に放出されてしまいますから、どこからか新たなエネルギーがサイクルの中に補充されないと、サイクルは回り続けることができません。つまりサイクルが回るのは、植物が太陽光のエネルギーをブドウ糖としてサイクルの中に持ち込んでくれるからです。葉緑体は偉大です。

一方、ミトコンドリアの役割もそれに劣らず重要です。酸素を使わずにブドウ糖を分解してATPを取り出す解糖系だけではブドウ糖に蓄えられたエネルギーを効率よく取り出すことはできないので、同じ量のブドウ糖が存在したとしても、ミトコンドリアが担うTCA回路なしには、大量の生物が存在する現在の生物界もまた存在しなかったでしょう。

## 生物学の教科書で説明されなかったこと

このエネルギー代謝に関わる二つの細胞内小器官にはある共通点があります。葉緑体もミトコンドリアも、内部が空洞になったリン脂質の二重膜構造からできてい

◆図５

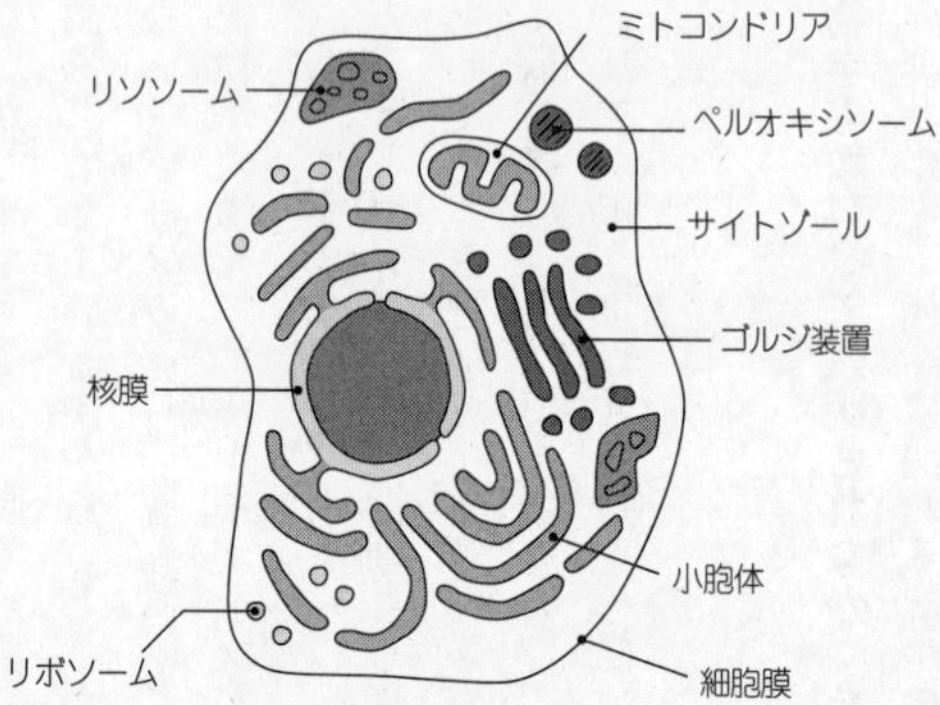


ます。これはそれぞれが昔は細胞とは別の生物であったことを考えれば理解できます。

それに加えて、両方の細胞内小器官は彼らの細胞の中に別の膜構造を持っており、膜構造が二重になっています。構造として見ていくと、器官の境界である膜の内部に液体で満たされた空間があり、そこに外膜とは別のもう一つの膜があることになります。上の図5をご覧ください。

液体の部分は基質《きしつ》と呼ばれ、ミトコンドリアではマトリックス、葉緑体ではストロマと名付けられています。膜の部分はミトコンドリアではクリステ、葉緑体ではチラコイドと呼ばれます。そして、どちらも、基質の部分に化学反応によりブドウ糖を分解したり合成したりする系（ミトコンドリアのTCA回路、葉緑体のカルビン回路）が存在し、膜の部分に、電子のエネルギーを物質へ変換していく電子伝達系が存在しているのです。

生物学の教科書では、これらがなぜこうなるのかは全く説明されないので、みんな別々のこととして覚えなければなりません。ストロマ＝葉緑体＝カルビン回路、クリステ＝ミトコンドリア＝電子伝達系という具合です。いやでしたね。しかし、このようになるのは、ある必然的な理由によるのです。ここではまず、基質の部分に化学反応系が存在する理由を見ていきましょう。

## 酵素は水中

化学反応とは物質が別の物質に変化していくことです。普通は熱するなどして大きなエネルギーが加わらないとこのような反応は起こらないのですが、六〇度を超えると変性してしまうタンパク質でできている生物体では、このような熱を加えることはできません。そこで使われるのが酵素です。

酵素は、遺伝子から翻訳されて作られるアミノ酸の長い鎖（＝タンパク質）によってできており、幾重《いくえ》にも折り畳まれて特殊な立体構造を作ります。そして、特定の化学反応に対してだけ非常に効率の良い触媒として働きます（触媒は、少量のエネルギーで化学反応が起こるようにすることができる物質のことです）。

酵素が触媒として働くので、生物体内という高温高熱が許されない環境でも化学反応を進めることができます。

酵素が触媒として働くためには、タンパク質が立体構造をとることが何より重要です。特定の立体構造をとったときだけ、特定の物質に作用し、触媒作用をあらわすことが可能になるからです。アミノ酸の鎖が折り畳まれて元に戻らないでいるためには、アミノ酸同士が結合したり、プラスとマイナスの電荷によって引き合ったりする必要があります。

そして、このような変化はタンパク質が水中にあるときだけ起こるのです。アミノ酸が電荷を持つためには、それを構成する化合物に、水中で電離して電荷を持ちやすい（イオン化しやすい）性質があり、それが水中でイオン化することが必要なのです。一言でいえば、タンパク質は水中でのみ立体構造をとり、触媒として働くことができるということです。

ＴＣＡ回路やカルビン回路などの化学反応系がなぜ基質の部分にあるのか。もうおわかりでしょう。その理由は、水溶液中でなければタンパク質を酵素として働かせることができず、化学反応を進めることもできないからです。

酵素は水中――これだけ覚えておけば、ミトコンドリアだろうが葉緑体だろうが、物質の化学反応系は全部水の中、つまり基質の部分に存在することがわかります。これは「覚えた」のではありません。一つの合理的な原理に立って、生命が示す現象を「理解」したのです。

そして、このように「理解した」ことは、「暗記した」ことと違い、忘れにくいものです。私などいまの専門とはほとんど関係がない事柄なのに、いまでも覚えています。ミナサンニモオススメシマス。

# エネルギーを作る②——なぜ電子伝達系は膜に固定されているのか

## タンパク質のバケツリレー？

ミトコンドリアや葉緑体は二重膜構造をしており、元々細胞膜だった膜系の内側に、クリステやチラコイドと呼ばれるもう一つの膜系を持っています。そこには電子伝達系と呼ばれる系が存在しています。これは水素を構成している電子に蓄えられているエネルギーを取り出すための系で、チトクローム a、b、c などの複数のタンパク質が膜の中に連続的に埋まった構造をしています。

ミトコンドリアの電子伝達系について見ていきましょう。

水素原子はエネルギーをたくさん持った状態になることができます。このとき加わったエネルギーは水素原子が持つ電子に蓄えられ、電子は通常の状態（基底《きてい》状態）よりもエネルギーを多く持った状態（励起《れいき》状態）になるのです。

この電子に蓄えられたエネルギーを取り出すのが電子伝達系です。種類の違う三つのチトクロームが並んだ隙間を、電子がすり抜けるように受け渡され、その際に励起状態の電子からエネルギーが取り出されます。つまり、並んだ人間がバケツリレーをするように、タンパク質の間を電子が受け渡されるのです。

葉緑体のチラコイド膜や、バクテリアなどミトコンドリアを持たない原核《げんかく》生物でも電子伝達系は存在し、やはり膜に固定されています。酵素による化学反応は水溶液の中だったのに、電子伝達系が膜に固定されているのはなぜなのか？

## 電子という「もの」

その秘密は、電子伝達系では電子という「もの」が複数のタンパク質間を受け渡される必要があるという点にあります。化学反応系では、酵素自体が水中でないと触媒として働けないという制約から、系は必ず水中にありました。

この場合、ある化学反応が行われてできた産物は水中を漂《ただよ》い、同じように漂っている次の反応を触媒する酵素と出合うと次の反応が起こります。たくさんの反応が連鎖している場合でも、いくつもの反応が同時に進んでもかまわないので、いたるところで化学反応が同時に起こるこのような反応方式に問題はありません。

しかし、電子という「もの」を受け渡さなければならない電子伝達系では違うのです。励起状態の電子からエネルギーを取り出すためには、いくつかのチトクロームの間を、特定の順番で電子を受け渡す必要があります。A→B→Cという順番が守られないとエネルギーを取り出すことはできないのです。このような順番でチトクロームの連鎖を通り抜けていくとき、励起状態の電子は徐々に変化していきます。

eという状態でやってきた電子がAを通り過ぎて状態aになるとすると、aの状態の電子がBによって処理されないとダメ、Bによって処理された状態bの電子は次にCによって処理されなければなりません。この順序は必ずこの順番で行われなければいけないし、最初に系にやってくる電子はいつも状態eです。

このように、特定の状態の「もの」をある順序に従って処理しなければいけないとき、一番効率がいいのはその順番でタンパク質を固定しておいて、そこに電子を持ってきて処理させることです。はい、電子伝達系ですね。つまりは、並んだチトクロームが電子をバケツリレーしているのです。

以上のように考えていくと、化学反応系は常に基質の中、電子伝達系は膜でなければならない理由が簡単に理解できます。酵素が触媒として働くためには水中でなければならず、電子という「もの」を順番に受け渡すためには、特定の順番のチトクロームが固定されている方が効率がよい――これだけのことです。

## 生物は合理的にできている

酵素は水中、バケツリレーは順番に――これだけのことを理解しておくだけで、ミトコンドリアや葉緑体の、膜だ、基質だ、TCA回路だ、電子伝達系だという話をいちいち覚える必要がなくなります。もちろん、チラコイドやストロマやマトリックスとかは名前ですから、それ自体を覚える必要はありますが、全てを別個のものとして覚える必要はなくなるのです。

人間とは、丸暗記がとても苦手な生き物です。電話帳の番号を全部覚えろと言われても、それは無理な相談でしょう。しかし、従来の生物学の教科書は電話帳とほとんど変わりがありません。互いの関係も脈絡《みゃくらく》もなく、様々なことが「このようになっている」と羅列されているだけです。そんなもの覚えられる訳がない。

繰り返しますが、生物は合理的になるように自然選択を受けながら三十八億年にわたって進化してきたものです。したがって、全ての現象が合理性の原理の上に存在しています。また、生物の体に使われている物質の物理・化学的な制約が、現象がどのようになるのかを規定します。

つまり、生物とは、そのとき可能な手持ちの選択肢を使って、できるだけ合理的に振る舞おうという性質のものなのです。

うーん
どう考えたって
丸暗記は
できないや……
生物の教科書

Part 2

# 誰かに話したくなる生物のはなし

ATP

# 植物はなぜ緑色？

## 光合成の二つの過程

葉緑体を持つ植物は、自分でブドウ糖を作り出すことができます。ブドウ糖はエネルギーを蓄えていますが、どこかからこのエネルギーを獲得して封入しなければ、それを合成することはできません。葉緑体は光のエネルギーを取り込み、この離れ業を可能にしています。この反応全体は光合成《こうごうせい》と呼ばれますが、一体どうやっているのでしょうか。

光合成の反応は、二つの過程に分けることができます。一つ目は光化学《こうかがく》反応でもう一つがカルビン回路です。

光化学反応は、光のエネルギーを使って電子を励起状態にし、このエネルギーを取り出して、ブドウ糖の合成に必要なエネルギーを作り出す反応です。

葉緑体はまず、太陽光などの光のエネルギーをクロロフィルと呼ばれる色素で捉えます。クロロフィルに光が当たると、水を分解してできた水素の持つ電子を励起状態にします。この過程で水（$H_2O$）が分解されて水素が抜け、残った酸素（$O_2$）が放出されるのです。

次に、膜に固定された複数のタンパク質の間を電子が受け渡されることで電子の持つエネルギーを取り出す電子伝達系を使って、水素から得た電子からエネルギーを取り出します。ここはミトコンドリアの電子伝達系がやっていることと基本的に同じですね。

取り出されたエネルギーはＡＴＰという物質の中に取り出し可能な形で保存されます。光化学反応は電子伝達系を含むので、葉緑体の内側にある膜（チラコイド）の部分で行われます。先ほど述べたように、電子伝達系では複数の種類のチトクロームというタンパク質の間を順番に電子を受け渡す必要があるので、膜に固定されていた方が、効率が高いからです。

## クロロフィルは太陽光を吸収する

光合成でもう一つの重要な役割を果たすカルビン回路は、空気中の二酸化炭素から炭素を取り出し、光化学反応が作り出したATPを用いて、それをブドウ糖へと合成する――物質を別の物質に変えて行くことで成り立つ化学反応系です。化学反応系なので酵素を使う必要があり、葉緑体の外膜と内膜の間にある水溶液の部分（ストロマ）に存在します。

葉緑体はこの二つの過程を経て、二酸化炭素と光のエネルギーから、ブドウ糖を作り出します。世界のほとんど全ての生物は、光合成が生物の世界に取り込んだエネルギーを利用することで生きていますから、光合成は生物界にとってなくてはならない反応です。

植物以外で外界のエネルギーを取り込んでブドウ糖を生産する生き物は、熱エネルギーなどを利用して化学合成をするほんのわずかなバクテリアだけです。クロロフィル様々です。

クロロフィルは太陽光を吸収することで、光のエネルギーを利用します。太陽光は無色ですが、光は波長を持っており、人間が見ることのできる光は三六〇～八三〇nm（ナノメートル）くらいの範囲です。プリズムに光を当てると、光は虹《にじ》の七色として投影されますが、これは白色光の中にある様々な波長が、その屈折率の違い

◆図6

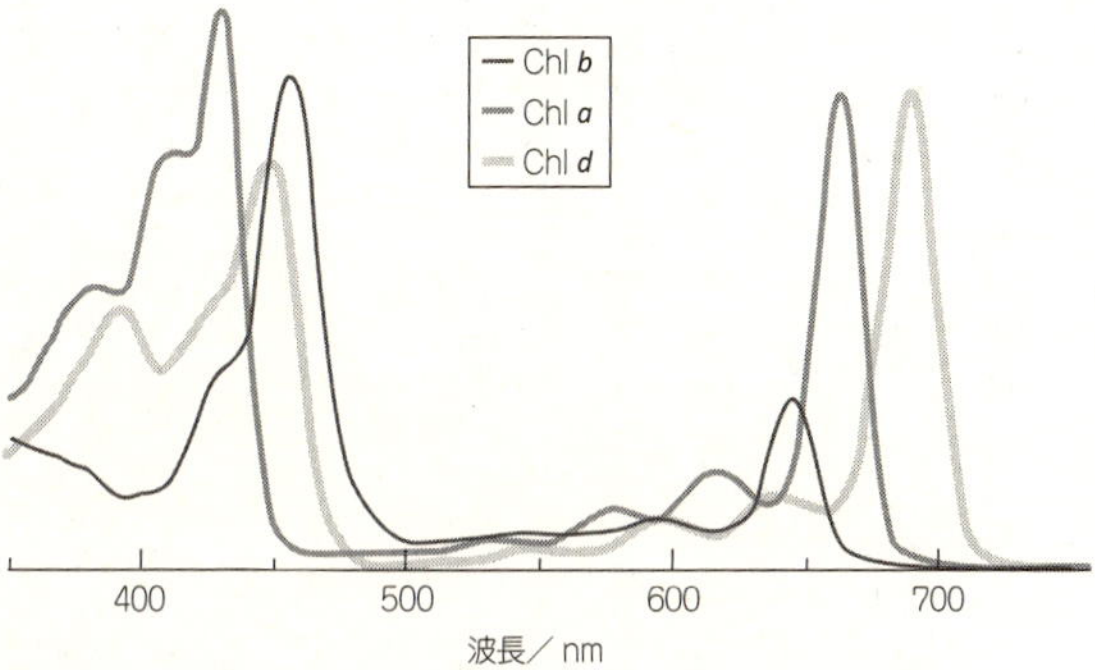


により分光されるからです。
虹の七色は、波長の短い方から紫、藍《あい》、青、緑、黄色、オレンジ、赤にたとえられています。実際には光の波長は連続的なのですが、このように見えます。クロロフィルはこのうちどの色を、エネルギーを取り出すのに利用しているのでしょうか。

## 反射するのは何色?

上の図6は、クロロフィルの光吸収曲線です。二つのピークがあり、この波長の光は吸収されているということです。この光吸収曲線はテストにもよく出るので、必死に覚えた人もいるでしょう。かくいう私もそのひとりです。しかし、これもちょっと考えると、ちゃんとこのようになる理屈があるのです。

図6からは、青（四三五～四八〇nmくらい）と赤（六一〇～七五〇nmくらい）に吸収のピークがあることがわかります。ということは、吸収されず反射されている光は何色でしょう。そう、緑です。では植物が緑色をしているのはな～ぜだ？　そうです。緑色の光はクロロフィルに利用されずに反射されているからです。

ものがある色に見えるということは、それがその色の光を反射しているということなのです。この事実を知っていれば、クロロフィルの光吸収のピークは青と赤にあるはずと予想できます。実際そうなっていますね。もちろん、細かい波長は覚えなければならないでしょうが、虹の七色と光の波長の関係を知っていれば、だいたいどのくらいの波長なのかはわかりますね。「クロロフィルaの光吸収のピークは次のうちどれか？」といった選択式のテストならこれだけで正解を出せるでしょう。

## カエルの卵が黒い理由

ちなみに、全ての波長を吸収するものは、見える範囲の光を全然反射しないので黒く見えます。太陽に当てると黒いものの方が熱くなりやすいのも知っていますよね？

これも全ての波長のエネルギーを吸収するからです。カエルの卵の多くが黒い色をしているのも、春先の水温の低い時期に太陽光を吸収して温め、できるだけ速く成長するためです。事実、石の裏に卵を産むカエルの卵は、日光を吸収する必要がないので卵黄《らんおう》の色である白っぽい黄色です。物事には基本的に全て理由があります。

複雑で雑多なものは、ある論理に従って階層的に整理していくことで覚えやすいものになっていくのです。理由を知ることは、よけいな勉強ではありません。むしろ脈絡なく見える別個の事実を関連づけ、より覚えやすいものにする早道です。「急がば回れ」と言うではありませんか。

# 細胞は協力しあう

## コピーされるときにはミスがある

最初の生命は、リン脂質の二重膜の小さな袋に、自己複製を触媒するＲＮＡが含まれたものであっただろうと思われます。いうまでもなく、これは単細胞の自己複製系です。遺伝、変異、選択があるとき、進化は自動的に起こるのでした。自己複製するということは、遺伝がある。塩基配列がコピーされるときには必ずミスが生じ、変異を起こす。まわりに自分と同じ資源を消費するライバルを作り出すということは、生存競争と選択をもたらす。最初の生命はすでに適応進化する実態だったのです。

単細胞生物は、単細胞のままで長い間進化を続けていき、最初の状態から変化していったでしょう。遺伝物質はより安定性の高いＤＮＡに置き換わり、酵素としての機能は、より柔軟性と多様性が高く、酵素としての適性が高いタンパク質が担うようになったのです。

様々な細胞内小器官があらわれ、生命維持に必要な様々な仕事は、それぞれの小器官が担うように進化していきます。それぞれの小器官が専門化する方が、細胞全体としてより高い代謝効率を実現できるからだと考えられます。

DNAは最初、現在のバクテリアのように、細胞の中に漂っているだけでしたが、細胞機能の複雑化に伴い遺伝情報が増えていく過程で、やがて核膜の小球の中に閉じ込められました。

このような真核《しんかく》生物では、DNAは糸巻きの役割をするタンパク質に巻き付けられ、普段は小さくまとめられた状態（＝染色体《せんしょくたい》）として保管されるようになりました。これには、長くなったDNAが絡んで切れたりするリスクを下げるという有利性があったでしょう。

## 多細胞生物の誕生

そうそう、忘れてはいけません。葉緑体やミトコンドリアという別の生物を体内に取り込んで、エネルギー産生に革命的な変化が起きたこともありました。全ての植物はミトコンドリアを持っているので、最初ミトコンドリアとの合体が起こり、その後、植物となる細胞だけが葉緑体を獲得したと考えられます。

こうして、現在の生物の世界に見られる単細胞生物が作られていきました。このような単細胞生物の複雑化は、そのようになった方が有利だったという選択圧の下で効率化を追求した結果、細胞内小器官の分業《ぶんぎょう》というシステムによって完成されたのでしょう。しかし、一つの細胞ができることには限界がありました。

ここで革新的な変化が起こります。限界を乗り越えるため複数の細胞が協力するというやり方が出現しました。多細胞生物の誕生です。

単細胞生物は単細胞生物として、競争に勝ち抜いて生き延びるように自分の効率を高める様々な複雑化をなし遂げてきました。小さな細胞がどれほど複雑化しても、それでできることには限界があるでしょう。

しかし、その頃はまだ単細胞の生物しかいなかったわけですから、世界には、もっと複雑なことができるならば有利に生きることのできる環境が有り余っていたでしょう。単細胞の限界を超えると新天地が広がっていたのです。

## ボルボックス？

最初の多細胞生物は、単細胞生物がいくつか連結したようなものだったはずです。このような生物は現在もいます。ボルボックスという植物プランクトンは、単位になる細胞が連結して球状になった生き物です。ボルボックスでは、子供を作る細胞と体の細胞はすでに分化していますが、この仲間のパンドリナでは、それぞれの細胞は、それぞれの中に子供を作り、それが放出され、新たなパンドリナが生じます。パンドリナではそれぞれの単位細胞は他のものと同じで、特に役割が異なっているわけではありません。次頁の図7をご覧ください。

このように集合するだけでもメリットはあったと考えられます。たとえば、植物プランクトンは動物プランクトンに食べられますが、いくつもの細胞が合体して大きく固まっていると、動物プランクトンの口の大きさよりも大きくなることができます。で、食べられない、と。

内容物の体積が余りにも大きくなると、膜がその荷重に耐えられず破裂してしまうでしょうから、一個の細胞はそんなに大きくなることができないでしょう。風船が膨《ふく》らみすぎると破裂するようなものです。したがって、上記の大きくなると食べ

◆図7

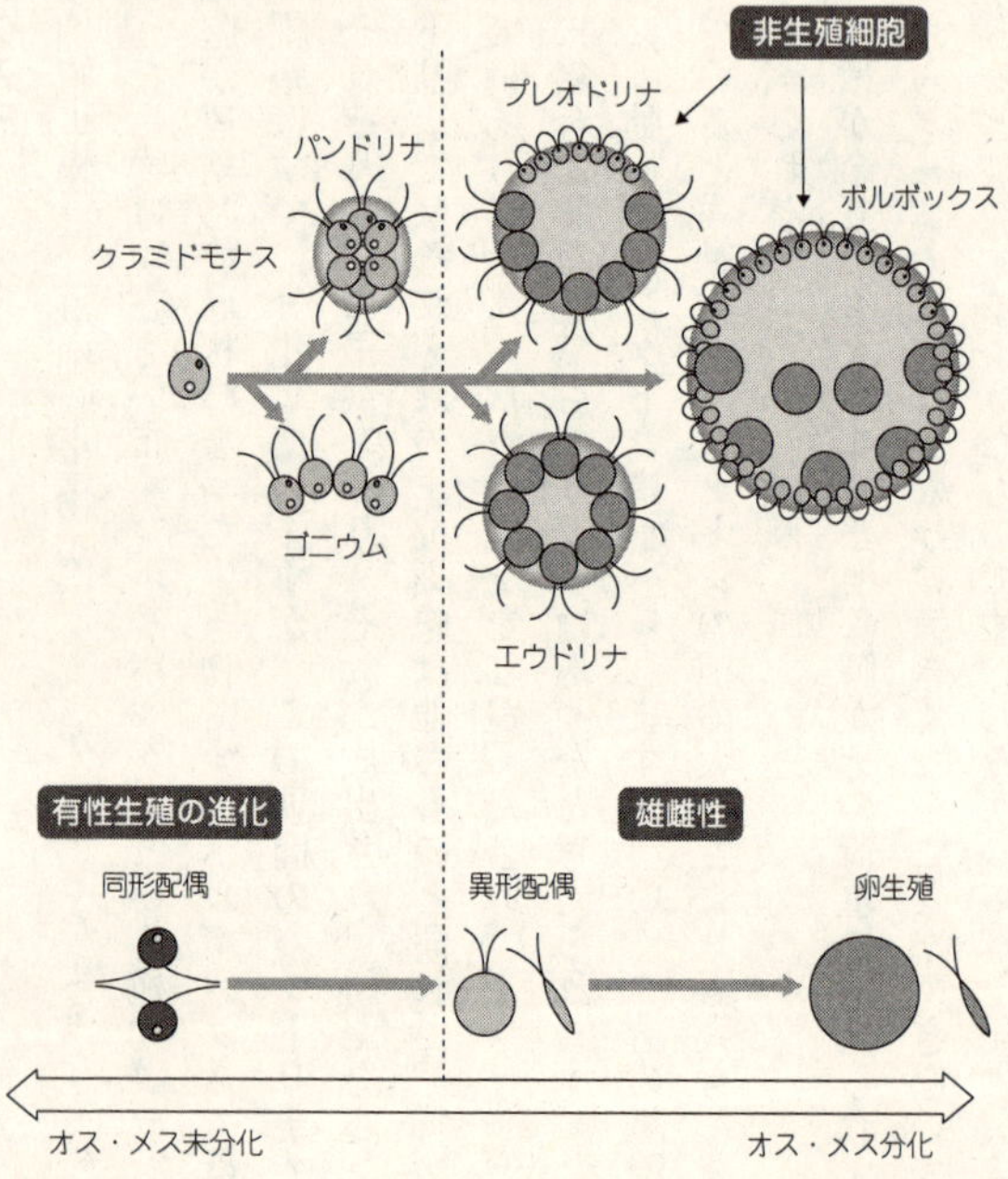
非生殖細胞
プレオドリナ
パンドリナ
ボルボックス
クラミドモナス
ゴニウム
エウドリナ
有性生殖の進化
雌雄性
同形配偶
異形配偶
卵生殖
オス・メス未分化
オス・メス分化

られなくなるという効果は、細胞一つだけではどうしても実現できません。それでも、大きくなることで食べられずにすむ訳ですから、大きくなった方が有利という状況は存在します。

そして、それは細胞同士の協力により実現されたのです。個体が協力する場合、個体と全体の間の利害がいかに調整されているか、ということが大きな問題になります。全体としては得をしても、個体レベルでは協力しない場合よりも損をするのなら、協力しない方が得になるので協力は進化しないからです。

細胞とミトコンドリアは別生物由来《ゆらい》ですが、共存することでそれぞれが利益を得ています。それでも、核ゲノムはミトコンドリアを支配するためにミトコンドリア遺伝子の一部を核ゲノムに移し替えるという進化が起こっています。

この利害対立問題がどのように解決されているかは別項で見ていくことにして、ここではその後多細胞生物がどのような道をたどったかを見ていきます。

## 多細胞生物は進化する

はじめはパンドリナのように、互いに差がない細胞が単純に集まっているだけだった多細胞生物ですが、やがてそれぞれの細胞が、独特の機能を果たすようになっていきます。あるものは口に、あるものは消化器官にというわけです。現在の多細胞生物のほとんどは、このような細胞間の分業を行っています。この分業が実現するためには大事な条件がクリアされていないといけないのですが、それは別の所で述べます。

ともあれ、細胞が分業することにより、多細胞生物は単細胞生物では不可能な多様な姿に進化していきました。細胞間分業を行い、巨大化した多細胞生物は、単細胞生物では進出できなかった様々な環境に適応することが可能だったからです。最初は水中にだけしかいなかった生き物もやがて陸上に進出していき、最後には空に住む鳥のような生き物も現れたのです。

空いた生息可能域さえあれば、生き物はどんどんそこへ進出し、多様化していくようにできていると思われます。もっとも、現在真空中で生きられる生物は出現していないので、その生息域は地球の中だけに限られていますが……。宇宙に進出した人類が新たな進化を遂げるというのはＳＦの一つのパターンですが、現在それはまだ夢です。

このように、細胞間分業を行って多様化していった多細胞生物ですが、その様は実は単細胞生物の進化と似ています。単細胞生物も最初は単純な構成だったと考えられていますが、ＤＮＡやタンパク質の利用や、細胞内小器官を進化させより複雑な細胞内分業体制を整えていきました。

つまり、多細胞生物が細胞間分業により体制を複雑化し、様々な生息可能場所に進出していったのと論理的には相似《そうじ》です。

個体の利益が確保されている限り、できるだけ分業体制を組み、より有利なものへと進化していく。これは生物の世界を貫く摂理《せつり》であり、その結果、細胞小器官が分業した多細胞生物が出現しました。

多細胞生物の出現は、生物の世界に飛躍的な多様化をもたらしましたが、ならばもう一段階上の飛躍とは何でしょう。そう、多細胞生物の複数の個体による協力の出現です。

# ハチはなぜ協力するのか？

## 社会性昆虫のはなし

単細胞生物における細胞とミトコンドリア、葉緑体の協力、多細胞生物の細胞間の協力。こういった現象と相似のものとして、ある種の動物が集団で暮らし、互いに協力的な行動をとる例を挙げることができます。

アリやハチ、そしてシロアリといった「社会性昆虫」はこのような例として最も有名なものでしょう。彼らの社会は、産卵を担当する女王（シロアリの場合は王もいる）とその他の仕事をこなすワーカーから構成されます。多細胞生物の細胞間分業のように、個体間で分業が行われているのです。このような社会を作る集団を「コロニー」と呼びます。

コロニーは成長して次世代のコロニーを担う新しい女王やオスを生産するユニットであり、コロニー同士で競争することのできるものです。このように相互作用が可能な実態を、私は機能的単位と呼んでいますが、社会性昆虫のコロニーは個体のレベルを超えた機能的単位なのです。

複数の個体が協力するとき、進化の考え方からは問題になることが一つあります。それぞれの個体はＤＮＡを持ち自己複製を行う機能的単位なので、各個体が自分の増殖効率を最大にするような自然選択を受けています。核ゲノムとミトコンドリアの例でもそうでしたが、このような協力が進化するためには、協力した場合の方が、協力しない場合よりも自分の遺伝子の増殖率が高くなる必要があります。協力する方が有利でなければ進化しないからです。

## 驚きの研究結果

しかし、協力が行われたときに、協力する個体（細胞）が協力しない個体（細胞）より有利になっているかどうかはほとんどの場合わかりません。なぜなら、協力を示す種類では、協力を行わず単独で暮らす個体がすでに存在しない場合がほとんどだからです。

細胞にしても、他の条件は同じでミトコンドリアだけを持たないという細胞はないので、個々の細胞が得をしているかどうかはわからないのです。協力の進化の検証において、この点が大きな障害となり、個の利益が確保されるので協力が進化しているのかどうかは長い間答えが出ていませんでした。

しかし最近、小さなハチを使った研究がこの点を明らかにしたのです。シオカワコハナバチという小さなハチは、花粉を集めて団子《だんご》を作り幼虫を育てます。女王とワーカーには形態差がなく、越冬したメス一匹が春先に巣作りを始め、初夏の頃に最初の子供が育ちます。この子供が成虫になる夏から秋にかけて、二世代目の子育てが始まり、このとき複数の個体が協力します。

ところが、二世代目の巣を調べてみると、七〜八コロニーに一コロニーくらい、一匹だけで子育てをしている巣があるのです。この単メス巣と複メス巣を比較してみれば、複メス巣の個体が単メス巣の個体よりも得をしているかどうかがわかるかも知れません。私の研究室の大学院生の八木議大氏と私は共同でこのハチの調査を始めました。

このハチは、土の中に一〇センチメートルほどの縦の坑道を掘り、そのまわりに小指の先ほどの小部屋をいくつか作り、そこに花粉団子を詰めると卵を産みつけてフタを閉じます。幼虫は花粉団子を食べて育つのです。私たちは二世代目が蛹《さなぎ》になる頃合いを見計らって巣を掘り起こし、それぞれの巣が育房《いくぼう》をいくつ持っており、その中のいくつに蛹が入っているかを調べました。

卵から幼虫が現れ、幼虫が育って蛹になるのですから、蛹が入っていれば卵は無事に育ったということであり、育房が空なら卵は死んだということです。

## 集まると子供が生き残る

結果は驚くべきものでした。複数のメスで営巣されていた巣では、九割くらいの育房の中に蛹が入っていましたが、一匹だけで営巣していた巣では、蛹が入っていた育房は一割くらいに過ぎなかったのでした。

つまり、複数のメスで子育てしている巣では、幼虫の生存率が格段に上がったということです。こうして子供の生存率が上がった結果、複数で子育てしている巣のメス一匹は、単独で子育てしているメス個体に比べて、ずっとたくさんの子供を残していることが明らかになったのです。つまり、協力は個体にとっても確かに得でした。

どうしてこんなことが起こるのか？　その鍵《かぎ》は、ハチはどうすると幼虫を守れるのか、という点にあるようです。その後の研究で、巣からハチが互いの行動と関係なく出入りしており、捕食者が侵入したときにハチがいれば幼虫を守れるという単純なシミュレーションをやりました。

その結果、捕食者の侵入率がある程度高くなると、複数のメスで営まれている巣の幼虫生存率は、二匹なら二倍より大きく、三匹なら三倍より大きくなるということがわかっています。つまり、ハチ同士が互いに全く協力していなくても、複数のメスで一つの巣を利用するだけで有利になるのです。

実際のハチの観察では、複数のメスがいる巣では、できるだけ巣がカラにならないように順番に出入りしていることや、単独の巣では、捕食者であるアリの活動が弱まる午後まで巣から出ないでいる、ということもわかりました。

これらのことは、シオカワコハナバチの協力が進化した理由として、集団を作り捕食者に対する防衛効率がアップすることで、個体の利益が増加した、ということをはっきりと示しています。

捕食者に対する防御は、協力の進化において重要な要因だったのでしょう。先のボルボックスの例でも、集まることで食べられなくなるのなら、生存率がゼロに近い状態からずっと上がることになります。

単独でいたときの生存率がゼロに近ければ近いほど、ほんの少し生存率が上がるだけで、二倍、三倍、あるいはもっと大きな利益が得られるのです。すなわち、ある程度の数で集まっても各個体が単独でいるときより大きな利益を得られます。

このような、群《ぐん》形成による被食率の改善という効果は、ヒトという動物でも、集団を作ることを有利にさせたかも知れません。ヒトの祖先であったサルは、特に大きな戦闘力を持つ訳ではなく、一匹では大型の肉食獣に対抗できなかったでしょう。

しかし、集団を作れば違います。皆で協力すれば、大きな獲物を狩ることもできますし、捕食者に対抗することも容易になります。ひとりで捕食者に立ち向かっても勝てる可能性がほとんどゼロならば、協力することで少しでも生存率が上がる場合には、協力しないよりも一人一人が得をするでしょう。

もちろんこれは仮説ですが、ここに示したハチのように、いくつかの生き物で捕食回避に協力が有効であることが示されています。ひとりは皆のために、皆はひとりのために――生物における協力ではこのうち半分しか正しくありません。もちろん後半だけが真理です。

# 臓器のできるまで

## 兵隊アリにも複数のタイプ

複数の細胞や複数の個体による協力は、それぞれの細胞や個体が協力しない場合よりも得をしない限りは進化しません。しかし、一旦協力が進化すると、さらに高度な協力が現れてきます。それは、細胞や個体の間で分業が生じることです。

パンドリナやシオカワコハナバチでは、協力する個体は基本的に等価であり、特殊化した個体は見当たりません。これは原始的な協力です。スズメバチやミツバチ、アリなどになると、女王とワーカーは形態的にはっきりと区別でき、ほとんどの卵は女王によって生産されるようになります。女王とワーカーの間に繁殖分業が生じるのです。

アリのいくつかの種類では、ワーカーの中にも兵隊アリなど複数のタイプがいて、さらに複雑な分業を示すものもいます。ハチは「飛ばなければならない」という形態的な制約があるせいか、形態が異なる複数のワーカーを含んでいる種類は知られていませんが、行動的にやることが違っており、組織としては分業をしています。

このような分業は多細胞生物でも見られます。パンドリナでは細胞間に分業は存在しないようですが、ヒトを見れば、細胞間分業は明らかです。私たちを形作る細胞は、あるものは目、あるものは足、またあるものは脳と、私たちを作る細胞は実に様々な器官に分化しています。

このような器官分化により、多細胞生物の個体は、それまでの生物が住みつくことができなかった、未開拓の様々な生息場所へ進出することができたのでしょう。アリやハチに見られる複数のタイプのワーカーもこの器官分化になぞらえることができます。このような分業は、生物の適応範囲を広げたのです。

## 動物にだけ心臓があるのはなぜ？

たとえば、人間の内臓にはそれぞれ独特の機能があり、心臓は血液循環の原動力、肺は空気呼吸、腎臓は血液中の老廃物の排出、肝臓は有害化学物質の分解といった具合です。このような複雑なシステムは、外界の条件の変動に対して、体内の状態が常に一定に保たれる作用（ホメオスタシス）を高めますから、いままでと違う環境でも生物が生き延びていくことを可能にします。それはやはり適応的なので、器官分化もまた理由があって進化してきたことでしょう。

ちなみに各器官には、もちろん合理的な存在理由があります。たとえば心臓は多細胞生物になってからあらわれたもので、単細胞の生物にはありません。単細胞生物では体内の物質の循環は、原形質流動というゆっくりとした流れや小胞体《しょうほうたい》やゴルジ体といった物質輸送に関わる細胞内小器官が行っていますが、これは極小の細胞の中だから可能な方法です。

もっと大きい多細胞の植物や動物では、こんな悠長な方法ではダメです。植物では、細胞間の浸透圧《しんとうあつ》の差を利用して物質を体の隅々に行き来させていますし、筋肉という組織を使ってすばやく動く動物は、心臓という特殊なポンプを進化させ、血液を強制的に循環させるシステムになっています。

動物にだけ心臓があるのは、すばやく動かなければならない動物では、体の全域で筋肉に供給するエネルギーを作らなければならず、そのために必要な酸素を体の隅々まで「すばやく」届ける必要があるからです。

もちろん、複数の器官は互いに連携的に働きます。心臓と肺、そして血管系の働きを見てみましょう。体内で必要とされる酸素は、動物ではえらや肺といった呼吸器官で外界から取り込まれ、血球（人間なら赤血球）に蓄えられます。

そして、心臓が作り出した血流に乗って体の隅々まで運ばれていくのです。体の末端で酸素を放出した血球は排出された二酸化炭素と結合し、再び血流に乗って肺に運ばれる必要がありますから、今度は別の血管系で肺に戻ってこなければなりません。

## 新鮮な血液と汚れた血液

だから、血管系には心臓から体の末端に向かう系（動脈）と戻ってくる系（静脈）が存在するのです。つまり、動脈と静脈の境目は心臓です。さらに、戻ってきた血液は肺で再び酸素に富んだ状態にする必要があるので、その系の途中に肺があるのです。

また、肺では、末端から運ばれてきた二酸化炭素を放出し、酸素に置き換える作業が必要です。そこでは血管はとても細くなり、薄い膜でできた気泡《きほう》状の肺でガス交換を行います。したがって、細い血管に血液を押し込むためには強い圧力をかけなければなりません。そこで、体の末端から戻ってきた血液は一度心臓の中に戻り、その汚れた血液は肺動脈から肺に向かって加圧されるのです。

また、肺で一度血管を細くしているので、新鮮な血液が集まった肺静脈では血液の圧力が低くなってしまい、そのままでは体の末端に送ることができません。そこで肺静脈は心臓に戻り、そこから体の末端に向かって再び押し出されるのです。

起点が二つあるので混乱しますが、心臓から出る血管は動脈、入る血管は静脈であり、肺から出る血液は酸素に富んでおり新鮮で、肺に入っていく血液は汚れていることをしっかり理解していれば混乱しません。ただし、（肺静脈は肺から出て心臓に入るので静脈ですが）新鮮な血液、末端から戻った静脈が一度心臓に入り、肺動脈として心臓から出て肺に行くので、動脈にもかかわらず肺動脈には汚れた血液が流れています。

## 複雑に見える現象には……

このような器官の分化とその働きにも合理的な理由があるのです。臓器の種類は結構多いので、それぞれがどんな役割を果たしているかは覚えなければなりません。それでも、循環系（心臓、血管）、呼吸系（肺）、消化系（胃、腸）、解毒系（肝臓、腎臓）のようにいくつかの固まりに分けて理解していけば、少しはわかりやすくなります。そしてそのような機能を、細胞内小器官と臓器で類似するもの（たとえば小胞体と血管）で対比させていくとよいかも知れません。

細胞と多細胞の個体は全然違うように見えるかも知れませんが、必要な様々な機能を細胞内小器官や臓器に分業させて全体の効率を上げたり、安定性を高めたりしているという点では共通しています。複雑で雑多に見える現象ほど、それを整理できる原則に沿って整理し、階層化する。これが理解するということだし、学問とはそのために行われていることです。

勉強ができないとか頭が悪いとか嘆《なげ》きますが、それは整理の仕方を知らないからだけのことではないですか？「何もしたくない」、と膝《ひざ》を抱えていても問題は何一つ解決しません。どのように整理すればわかりやすいかを知れば、少なくともいまよりはずっと楽に生物についての知識を体系化することができるでしょう。訳を知り順を知れば百戦危《あや》うからず。

# あなたはどの臓器になりたい？

## 進化における競争とは？

細胞の内部でも、多細胞生物の体内でも、あるいは個体が集合したコロニーの内部でも、それぞれを作り上げる単位が専門的な機能を担う器官に分化し、全体としての効率や安定性を改善しています。しかし協力は、協力することで各個体が得をするようになっていないと進化することができなかったのでした。

進化は遺伝と変異を持つ実態を単位として起こります。生物なら、それぞれの個体は自分のＤＮＡを持っているので、複数の個体が存在すれば、どのＤＮＡの複製効率が高いかという競争が存在し、個体（ＤＮＡ）を単位とした自然選択が働いて進化が起こるのです。

進化における競争の概念は少し変わっていて、互いを打ち負かそうと努力しているわけではありません。どちらかの複製効率が高ければ、そちらが自然に増えていき、やがて集団中がそちらのタイプだけになってしまいます。これは必然的に起こることで、互いの間に争っているという意識があるかどうかとは何の関係もないことです。

ダーウィンの進化論に対する初期の批判に、「世界を見ても、生き物は全くお互いに争ってなどいないではないか。どこに競争があるというのだ」というものがありましたが、これが見当違いなのは言うまでもありません。たとえば二人の人間がいて、食料を半分ずつ分けあって争わずに暮らしたとします。

表面上競争はありませんが、彼らが生きていくのに必要な単位時間あたりのカロリーは違いますから、全く等量に分けたとしても、エネルギー消費率が大きい人の方が不利になるのです。生物の競争とはこのようなものです。

## 体のどの部分になりたいですか？

さて、生物の競争の勝ち負けが、遺伝物質の複製効率の差であることを考えると、器官分化の進化については注意しなければならないことになります。なぜなら、一部の細胞内小器官を除いて、多細胞生物の器官も、コロニーを構成する個体もそれぞれが遺伝物質を持っている自己複製する単位であり、互いの間に競争が存在するからです。

細胞内小器官の場合でも、核ゲノムとミトコンドリアや葉緑体は独自のゲノムを持っており、その間に利害対立があることや、その結果として、ミトコンドリアの遺伝子の一部が、核ゲノムに移動するといった現象がみられます。

ましてや、それぞれの構成要素(細胞や個体)が独自のDNAを持ち、互いに競争者である場合、どういう場合に協力が可能になるかに注意を払わなければなりません。

具体的にどういう問題が生じるかをできるだけわかりやすく説明してみます。何人かが集まっているときに「これからここにいる人たちで人間の男の体を作ります。皆さんどの部分になりたいですか?」と聞きます。実際にやったことがあるのですが、多かったのは「脳」「目」「手」などという答えでした。

皆さんはどうですか?

私はそんなものになりたくありません。私がなりたいものはただ一つ、「睾丸《こうがん》」です。下品な話で申し訳ありませんが絶対「睾丸」になりたいのです。なぜでしょうか？

人間が子孫を残すときのことを考えます。受精卵は卵子と精子が合体してできたものであることはご存知ですよね？　受精卵が次の世代の人の個体になるのですから、卵子、または精子になる細胞しか次の世代に伝わらないということです。男なら睾丸の精原《せいげん》細胞、女なら卵巣の卵原《らんげん》細胞だけです。

脳となり、どんなにすばらしいことを考えても、目となりすばらしい景色を眺めても、腕となりいかにすばらしい作品を生み出そうとも、それらの器官の細胞が次の世代に残ることはないのです。可能性は完全にゼロです。

## 睾丸も脳も目も「作る細胞」は同じ

複数の人が人間の体を作るとすると、脳や目や手になった人は、自分のDNAの複製競争で完全に敗北するのです。ただ、睾丸や卵巣になった人だけが子孫を残せます。ということは、皆が睾丸になろうとします（というより、睾丸にならないと子孫を残せない）から分業して人体を作ることは不可能です。もうおわかりですね。

自分は子孫を残さずに協力だけを行う――これは独自のDNAを持つ細胞の間では

原理的に不可能なのに、なぜ分業は進化できたのか？　これが大問題です。

ここでいう人とは、器官分化の際の細胞に相当します。細胞が器官に分化するときには、ここで述べたのと同じ競争が原理的に生じますが、それにもかかわらず多細胞生物や集合性生物のコロニーの内部では器官分化が起こっているのです。では、どのような場合にそんなことが可能になるのか。ここで鍵になるのは、「自分と同じ遺伝子を将来に残す」とはどういう意味なのか、という観点です。

遺伝子とは、DNA（場合によってはRNA）上の特定の塩基配列です。それが複製されて子孫に伝わるということは、同じ配列を子孫が持つことです。子孫が自分と同じ配列のDNAを持つには、まず一つ、自分の塩基配列をコピーして、子供に伝えるという方法があります。精子や卵子を作って受精卵に伝えるというやり方ですね。ほとんどの生物はこうしています。

しかし、多細胞生物の生殖器官以外の細胞や、卵を産まない社会性昆虫のワーカーはどうやって自分の遺伝子の塩基配列を子孫に伝えているのでしょう。

多細胞生物であるヒトを例に説明します。私たちの体とはどのように形作られていくのでしょうか。そう、体内で卵子と精子が合体した受精卵が分裂し、たくさんの細胞になり、それぞれの細胞が様々な器官に分化していくのです。つまり元をたどれば、多細胞生物の体は、たった一つの細胞からできてくるのです。

すなわち、多細胞生物の体を作る全ての細胞は、基本的に同一の遺伝情報を持っています。ということは、卵巣も睾丸も脳も目も手も、それらを作る細胞はみんな同じものだということです。もし、次世代に遺伝子を伝える卵巣や睾丸の細胞が、その他の器官と同じ遺伝情報を持っているならば、生殖細胞は他の器官の細胞の遺伝情報を次世代に伝えていることになります。

## 親と子の血縁度は〇・五

つまり、誰が次世代に遺伝情報を伝えても、全ての細胞にとって関係がないのです。多細胞生物は、全ての体細胞をクローンとすることで、細胞間競争を無化し、分業を可能にしているのです。というよりも、このようなやり方でないと細胞間分業は進化し得ないでしょう。

繰り返しますが、協力する複数の細胞や個体が独自の遺伝情報を持っていた場合には、その間で競争が生じるので、特定のものだけが子孫を残すというような分業は原理的に進化できない。クローン細胞が協力するという方法を用いることで、多細胞生物はこの隘路《あいろ》から抜け出ることができたのです。

多細胞生物では、それぞれの細胞をクローンとすることで協力の進化に伴う困難を乗り越え、分業体制を進化させることに成功しました。では、それぞれが独立した個体からなる社会性昆虫の協力は一体どうやって成立したのでしょう？

動物の世界での繁殖に関わる分業を伴う社会性（真《しん》社会性と呼ばれる）は十数回進化していますが、そのほとんどは単数倍数性《たんすうばいすうせい》という特殊な性決定のメカニズムを持つ種類で進化しています。通常の生物は母由来と父由来のゲノムを二組、体内に持っていますが、単数倍数性の生物ではゲノムを二組持つ二倍体の個体はメスになり、ゲノムを一組しか持たない未受精卵からオスが発生してくるのです。

オスもメスも二倍体であるヒトを含む通常の生物では、自分が持っている二つの遺伝子のうち一つが子供に伝わります。自分が持つ遺伝子が子供に伝わる程度を血縁度《けつえんど》と言いますが、この場合、親と子の血縁度は〇・五です。

兄弟や姉妹との血縁度はどうでしょうか？　自分も兄弟姉妹も二倍体です。それぞれが持つ二つの遺伝子が入るべき場所の半分（〇・五）には、母親が持つ二つの遺伝子のうちのどちらかが確率〇・五で入ってきます。残りの半分（〇・五）には父親由来の遺伝子のどちらかがやはり確率〇・五で入ってきます。

したがって、兄弟姉妹同士では、遺伝子を共有する程度は〇・五×〇・五＋〇・五×〇・五＝〇・五になります。つまり、二倍体生物では親子の血縁度も兄弟姉妹同士の血縁度も〇・五になるのです。

## 妹を育てると得をする？

しかし、単数倍数体の生物ではこの事情が違ってきます。親子間では二倍体生物と同様に血縁度は〇・五ですが、娘と妹、弟との間ではこうなりません。父親が一匹の場合、オスは単数体なので父親のゲノムは一つしかありません。ゆえに、全てのメスの子は父親由来の同じゲノムを持っています。

したがって、娘の二つの遺伝子のうち、一つは必ず同じものになります。残りの半分（〇・五）には母親の二つの遺伝子のうちの一つが入りますから、ある娘から見て、妹が自分と同じ母親由来の遺伝子を持っている確率は〇・五×〇・五＝〇・二五になります。したがって、ある娘から見て妹が自分と同じ遺伝子を持っている程度（血縁度）は〇・五＋〇・二五＝〇・七五になるのです。

逆に弟は、母親の二つのゲノムのどちらかだけを譲り受け、父親由来の遺伝子を持ちませんから、血縁度は〇＋〇・二五＝〇・二五となります。

単数倍数性の生き物では、この血縁度不均衡があるために、ある娘から見ると、自分の子供（血縁度〇・五）を産むよりも、妹一匹（血縁度〇・七五）を育てた方が、自分と同じ遺伝子をより高い確率で将来に伝えることができるのです。

つまり、いままで自分で子供を産んで育てていた行動を、自分で産むのをやめて母親が産んだ妹を育てるように変化させるだけで、娘はいままでより得をすることができます。単数倍数体の生物で、自分で子供を産むのを止めて母親の子供を育てるという真社会性が繰り返し進化してきたのは、育仔《いくし》行動の相手を子供から妹に振り替えるだけで娘が得をするこのようなシステムがあったからだと考えられています。

この、血縁者を育てた方が自分の遺伝的利益になるという考えを、血縁選択と言います。単数倍数性であるハチやアリでは、社会性を持つ場合、全てのメスは女王によって作られており、彼らの社会進化は、ワーカーの遺伝的利益を最大化するように血縁選択が働いた結果であると解釈されるのです。

この血縁選択と、集団を作ると捕食を回避することができて各個体が得をする、という考えは、どのような関係にあるでしょうか。わかりやすくするために二倍体の生物について考えてみます。

二倍体の生物では、子供と兄弟姉妹への血縁度はいずれも〇・五で、単数倍数体のように妹を育てた方が得をするというような関係はありません。ですから、自分の子供を育てるのを止め、他者と協力することが得になるためには、集団を作ることで集団全体の効率が単独のときより改善されることが必要です。

噛《か》み砕いていうと、二匹で協力したときに、集団全体の生産性が一匹のときの「二倍より大きく」ならないと、個体あたりの利益が一匹のときより大きくならないということです。一言でいえば、二倍体生物では、集団全体の効率が上がることが協力の進化の必要条件であるということです。

## 血縁ではなくても得をする!?

シオカワコハナバチのように、二匹で行動したときの子供の生存率が一匹で行動したときの数倍にもなるのなら、協力は確かに得になります。このような場合、実は相手が血縁者であるかどうかは関係がありません。全く血縁関係がない個体でも、協力した方が得です。もちろん、血縁関係がない個体と協力するときには、少しであっても自分が子供を産まなくてはなりません。全く子供を産まないと、将来の世代に自分の遺伝子が全く伝わらなくなるからです。

こうしてみると、血縁者と協力する場合には、このような群形成の効果に加えて、血縁者由来で自分が持つのと同じ遺伝子が伝わることを、全体を効率化することに用いることができます。理由は、自分はまったく子供を産まずに、コロニーを効率化するための歯車になってしまっても、なお自分が得をすることが可能になるからです。ワーカー内に兵隊アリがいるアリなどは、このような機構により進化してきたと考えられます。

また、単数倍数性の生物のように、自分の子供と妹の間に血縁度の差がある場合、育児行動を妹に向けて切り替えるだけで（〇・七五－〇・五）の分だけ遺伝的な利益が増加するので、グループを作ることが全体の生産性を少し下げる結果につながっても、この分まではその低下を補償することができます。

## 進化生物学の大きな目的

わかりにくいですか？　行動の振替《ふりかえ》によって遺伝的な得が生じるので、その分まではは全体の生産性が下がることが許容されるということです。

つまり、単数倍数性の生物の場合は、集団全体の効率上昇が絶対必要な条件ではなく、その分二倍体よりも協力が進化しやすいということです。実際の生物での協力も、ほとんどの場合、単数倍数性の生き物で起こっているのは見た通りです。

以上のように、生物が細胞や個体の間で分業を成し遂げるために、どういう問題が存在し、それがどのような機構により解決されているかを見てきました。ここでも、自分と同じ遺伝子がどれだけ将来の世代に伝達されるか、というモノサシを基準に、生物が見せる協力現象が一本の論理で「理解」できることがわかりました。

私が専門にしている進化生物学の大きな目的の一つは、このような軸にそって生物が示す現象を理解していくことですが、「遺伝的利益の最大化」という原理は行動や生態だけではなく、生物が示す全ての現象を貫く通奏低音《つうそう》なのです。

# 超個体の誕生——集団の効率化

## 超個体とは?

個体同士が協力するようになった社会性生物は、個体より大きなコロニーという機能的単位を生み出します。コロニーは他のコロニーと競争し、負けたコロニーは衰退しますから、コロニー全体の形質が競争に強くなるような選択を受けていると考えられます。

たとえば、普通のワーカーと兵隊アリを持つアリでは、コロニーの中にどれだけの割合の兵隊アリがいるのか、ということは、個体ではなくコロニーレベルの性質です。二〇パーセントの兵隊率のコロニーが最も生存率が高いのなら、そのコロニーレベルの性質に選択がかかります。もちろん、そうなるように幼虫を育て分けるわけですし、その行動は特定の遺伝子型により支配されているのですから、この現象を個体選択や遺伝子選択という観点で見ることもできます。

しかし、どのようなメカニズムによってそれが有利になっているのかということは、コロニーレベルでの形質が選択されるという事実を見ることなしに理解することができません。生物学とは生物が示す現象を理解することが目的ですから、遺伝子の挙動だけを見ても遺伝的利益がどのように生じるかということは理解できないのです。

進化現象を遺伝子の増減だけに還元しようとするものの見方は、生物の理解を深めるためには有害です。ともあれ、個体を超えたコロニーというレベルであらわされる形質が、選択の対象となり効率化されます。コロニーは個体を超えた機能的単位、すなわち「超個体」なのです。

## アシナガバチの巣作り

超個体のレベルでの効率が最適化されている事例をいくつか見ていきましょう。

アシナガバチのある種類では、巣作りのときに、巣の材料になる植物の繊維（パルプ）を採集してくる仕事をするワーカー（運搬者）と、巣の上でそれを受け取り、巣に塗《ぬ》り付けて建設する仕事をするワーカー（建設者）がいます。

パルプがどれだけ取れるかは状況によって異なりますから、運搬されてくるパルプの量は刻々と変化します。建設者は巣の入口でパルプが運搬されてくるのを待っており、運ばれてきたものを受け取り、建設現場に運んで作業します。このとき、仕事が滞りなく進むためには、流入してくるパルプの量と建設に使われるパルプの量が釣《つ》り合っている必要があります。

人間ならば、監督者がいて流入量と作業量を把握し、指令を出すことで作業の流れをコントロールします（自動車会社のトヨタが、最も在庫量を少なくなるように設計したカンバンシステムは有名です）。しかし、ハチの脳は人間ほど発達していませんので、このような中枢によるコントロールは不可能です。それでもハチは最適な作業の流れを実現することができるのです。

どうするのか。作業がスムーズに流れているときは、パルプを持ってきたハチ（運搬者）は、作業を終わってそこへやってきたハチ（建設者）に「すぐに」荷物を渡します。この状況では、運搬者も建設者も荷《に》を受け渡すときにほとんど待たずにすみます。

ところが、どちらかの仕事をするハチが多くなりすぎると、この待ち時間が長くなります。パルプがなかなか取れないと、なかなか運搬者がやってこず、入口で荷を受け取ろうとする建設者は長い時間待たされてしまいます。建設者が少なすぎれば、運搬者が荷を下ろすまでに待たされるようになります。これは効率的な作業が行われていないシグナルです。

実際のハチは、待ち時間が長くなると、自分の行動を変えるという選択をします。建設者として働く個体は待ち時間が長くなると、建設作業をやめ、パルプをとりにいくようになります。逆に、パルプを運んできて待たされた運搬者は荷を下ろすと、建設者として作業するようになります。

こうして、それぞれの個体が「待ち時間」というシグナルを最小化するような行動をとることで、全体の作業の流れが最適化されるようになります。

このとき、全体の流れを把握している個体はおらず、各個体は自分が直面している「待ち時間」という局所的な刺激に反応して行動を変化させているだけです。しかしその結果、全体としては最も効率的な状態が実現されます。

## アリの意思決定のメカニズム

似たようなことは別の局面でも見られます。サムライアリは、別のアリの巣を襲って蛹を強奪します。このとき、偵察役が襲う巣の位置を特定してきて、フェロモンを出して行列を先導します。ところが、偵察個体が道を見失って迷うと、行列の進行は滞り、やがて後方の個体から徐々に戻り始め、全体は元の巣に戻ってしまいます。

行列の中で各個体は頻繁に向きを変えており、全員がいつも進むべき方向に向いているわけではありません。全体がどうなっているかを把握している個体はいないのに、全体はどうして合理的な行動をとれるのでしょうか。

サムライアリは次のように意思決定していると思われます。

①フェロモンを追尾する
②ある数の個体とすれ違うと反転する
③ある時間自分とすれ違う個体がいないと向きをかえる

この三つの単純なルールを入れてシミュレーションすると、フェロモンを出して行列を先導する偵察役の動きを止めたときに、ある時間が経過すると、全体は元の方向へ戻っていきます。やはりアリは、局所的な情報に反応して単純な意思決定をしているだけですが、全体としては合理的な行動をとることに成功します。

あまり知能が高くない生き物たちは、このように局所的な情報に個体が反応することで、全体が合理的な行動をとれるように調節されているようです。このように、中枢個体を欠いた組織が個体の単純な行動から高度なパターンを生み出すことを「自己組織化」と呼んでいます。

このメカニズムが、高度な知能を持たない昆虫などの集団が超個体として、全体として合理的な行動をとることを可能にしているのです。

# 知恵のない細胞でも組織を作る!?

## 動物の卵の発生

アリなどのコロニーでは、個体は高い判断力を持っていませんが、直面した状況に反射的に行動することで、全体が合理的な行動をとるようになっています。それでも各個体は一応脳を持っており、ある程度の学習や知覚が可能なこともわかっています。

一方、多細胞生物の器官分化では、個々の細胞は自分がなるべき器官になっていくように移動したり分化したりして、複雑な組織ができあがっていきます。これらの細胞には脳はおろか神経すらありませんが、細胞たちは全体にとって合理的な行動(?)をとることができます。一体どうしてこんなことが可能なのでしょう?

たとえば動物の卵の発生を見ていくと、最初はひとつの細胞だったものが二つになり、四つになりと分裂して増えていきます。これを「卵割」といいますが、ウニなどでは、割れたときにできる割球《かつきゅう》の大きさが等しく二等分、四等分となっていくので「等割《とうかつ》」と呼ばれます。

カエルでは通常上の半球での卵割速度が速いため、上の方は細かく、下の方が粗《あら》く割れていく不等割になります。昆虫の卵では、卵の表面だけが分裂していき、内部は割れないので表割《ひょうかつ》になり、鳥や爬虫類では卵のごく一部の板状の部分だけで卵割が起こるので盤割《ばんかつ》と呼ばれます。次頁の図8をご覧ください。

## 卵の黄身の役割

学生時代、私もこれをいちいち覚えさせられて面倒くさかったものですが、もちろんこうなるのには理由があります。卵は成長していくために養分を必要とし、それは卵黄（卵の黄身）という形で卵の中に閉じ込められています。

ウニでは少量の卵黄が全体に均等に分布していますが、カエルでは下の方に多く、鳥や爬虫類では卵のほとんどが卵黄になっており、受精が起こる細胞部分はほんの一部です。昆虫では、卵の中心に大きな卵黄があります。

つまり、卵黄の部分は割れにくく、卵黄がない部分では細胞分裂が早く起こるた

◆図8

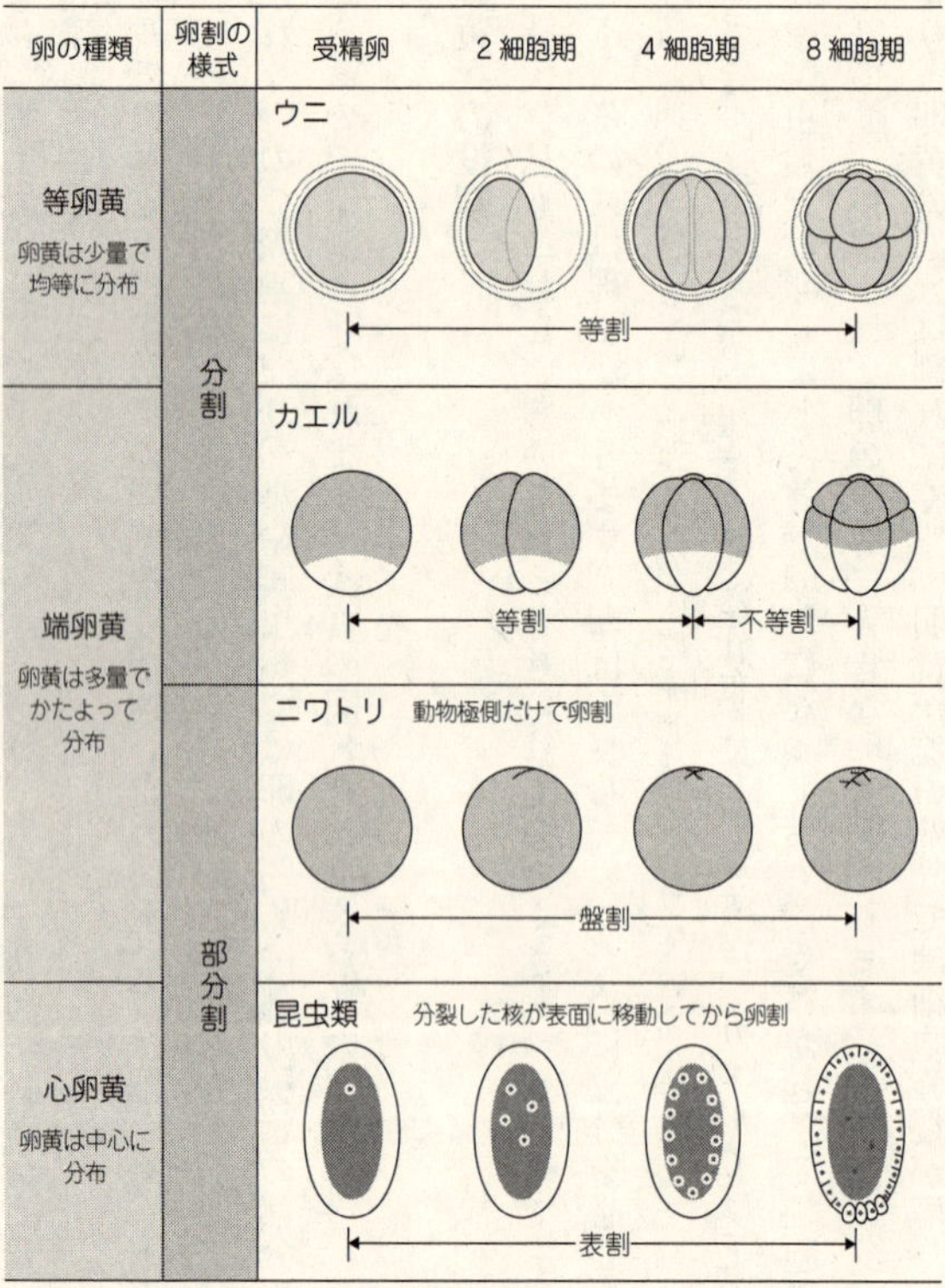


※ここでの表割は、各細胞期に沿った表記をしていない

めに、上記のような卵割様式になっていくのです。

また、動物が進化していくに従って、卵黄は大きく、局在化するようになるのですが、哺乳類では再び等割に戻ります。もちろん、これにも理由があります。鳥類までは卵の中だけで発生が進むので、大きな子供を作らなければならない生物になるほど、大きな卵黄が必要になります。

しかし哺乳類は、子供とへその緒《お》でつながり、それを経由して栄養分が子供に直接送られるような発生様式をとっているのです。この方式だと卵黄を卵に蓄積する必要がなくなるので、再び卵黄をほとんど持たない卵細胞となり、等割をするようになるのです。卵割の様式は卵内の卵黄の分布様式によって決まっており、それは生物の進化とリンクしています。そのように理解すればカンタンです。まあ、ここまでは余談です。

## イソギンチャク、コップ、ドーナツ

卵割が進んで卵が無数の小細胞の固まりになると、次のプロセスが始まります。卵のどこかがへこみ始め、卵に原口《げんこう》と呼ばれる穴が穿《うが》たれていくのです。このような変化が起こるのは、動物は口を持ち、その内側に消化器官を備えるようになっているため、穴を穿って体の中と外を作るためです。

イソギンチャクのように口が肛門に貫通しておらず、コップのような形をしているものはへこむだけですが、もっと体制《たいせい》の進んだ動物では、口と肛門がつながり、全体がドーナツのような穴空き状態になります。このとき、へこみ始めた方が口になるのを前口《ぜんこう》動物、そちらが肛門になるものを後口《こうこう》動物と呼びます。

カエルのように、卵が複雑な変形をしていくものもあります。このようなダイナミックな変化が起こるには、細胞が移動していかなければなりません。そのとき、細胞には全体を見て自分の行動を決めていくような判断中枢はありませんから、このような変化も自己組織化によって起こります。

このとき、卵割が進むにつれて、各所の細胞で異なる遺伝子が発現するようになり、異なる化学物質を放出するようになります。そうすると、局所的に化学物質の濃さが連続的に変化する濃度勾配《こうばい》ができます。個々の細胞はこの濃度勾配に従って、細胞表面をアメーバのように移動していくのです。ある構造ができると、そのことがシグナルとなり新たな遺伝子が働いて、次の誘導のシグナルとなる化学物質の濃度勾配ができて、新たな構造が形成されていくのです。

こうして次々に、場所ごとに新たな異なる遺伝子が発現し、場所ごとに異なった構造が作られていきます。完成してみると非常に複雑な器官分化も、このように順序だった自己組織化のプロセスにより形成されます。細胞はそれぞれの場所でそれぞれの局所的状況に反応しているだけですが、全体としてはそうなるべき姿になっていきます。

## 複雑なカタチも自己組織化から……

この形態形成における自己組織化では、最初は均一な細胞の固まりだったものが、場所ごとになるべき構造へと導かれます。ここでは、最初のシグナルとなる化学物質の濃度勾配を作り出す細胞が鍵を握っています。

その細胞が最初の濃度勾配を作り出すことで、それ以降の細胞は局所的条件に反応するだけで複雑な細胞間分業が誘導されていくのです。かってイモリの卵を使った実験で、発生初期の細胞塊《かい》のいろいろな部分を別の場所に移植する実験をしてみたところ、特定の部分だけはどこに移植されても胚を誘導する一方、移植された場所の運命に従ってしまう細胞もあることがわかりました。

また、発生後期には様々な部分の運命はすでに決まっていて、移植されても別のものになることができないこともわかっています。このような観察が正しかったことも、誘導反応によってそれぞれの場所で新たな遺伝子が発現して、連鎖的な形態形成が進むという現在の知見により裏付けられています。

知能など望むべくもない細胞でも、このような単純な反応の連鎖を仕組んでおくことで、複雑な形態形成を自己組織化として達成することができるのです。逆に言えば、生物の形態形成がこのような自己組織化によって起こっている事実こそ、生命が知能により設計されたものではなく、遺伝子の発現とそれに従う単純な反応により、進化の過程で生物が組み上げられてきたものだという、現代科学における自然観を裏付けています。

たしかに
ニワトリの卵は
黄味がとても
大きいね

# Part 3

# 面白くて眠れなくなる生物学

# アリはバカなのになぜ一番良いものを選べる？

## ムシが合理的な判断をできる理由

集団で暮らす生き物は、個体としての意思決定以外に集団としてどう振る舞うかという決定をしなければなりません。これを集団的意思決定と呼びます。

集団としての意思決定の結果は、集団の運命を決めますから、ここで適切でない判断をしてしまうと大きな損失を被《こうむ》ります。大きな脳を持つ脊椎《せきつい》動物なら、頭のいい個体が全体状況を踏まえて適切に対応することができるかも知れませんが、一匹一匹の能力は低いと考えられる昆虫（ムシ）などの社会もこの問題に直面しています。

ムシの社会では、どうやって合理的な判断ができるようになっているのでしょうか。ここでは、ミツバチやアリが新しい巣場所を選ぶ際にどのように振る舞っているかを見ることで、その問題を考えていきましょう。

ミツバチは新しい巣場所に引っ越すとき、群れが一時的に木の枝の股《また》などの仮の場所に集合して、そこからあちこちに偵察のハチを飛ばします。偵察に行ったハチたちは巣に戻った後、自分が見て来た「巣場所候補」がよいと思うと仲間をそこに動員するダンスを踊ります。これはとても有名な8の字ダンスというもので、ハチは狭い範囲を8の字を書くように踊ります。

このとき、8の字の向きによって目標の方向を、ダンスの激しさによって目標までの距離を伝えています。まわりのハチはそのダンスに応じて、その巣場所候補に行き、戻ってくるとダンスを踊ります。

こうして、各巣場所候補に次々とハチが動員されます。しばらくの間はどこが選ばれるかは決まりませんが、一～二日たつと、特定の場所に動員される個体が多くなり、それがある程度以上の数に達すると、群れ全体が周期的な羽ばたきを開始し、全体がその場所へ向かって飛び立ちます。このとき、最終的には、最もふさわしい巣場所が選ばれることがわかっています。

## コロニーの決定は個体の能力を超える

アリでも状況は同様です。偵察個体が新しい巣場所を見に行き、戻ってくると仲間をそこへ動員します。ある程度の時間が経ち、特定の巣場所候補にいる個体の数がある程度の密度を超えると、全体がそこへ移動するのです。このときも、複数の候補のうち最もふさわしい巣場所が選ばれます。

ここで、偵察個体やそれに動員されていく個体は、すべての巣場所候補を比べて、一番よい所へ仲間を動員しているわけではありません。ほとんどの個体は一カ所の巣場所候補にしか行かず、そこがよいと判断すると仲間に対して動員行動を行うだけです。

個体はそのような意思決定をしているだけですが、集団としては、全ての候補を比較した上で選択を行うのと同じ決定（最もよい場所を選ぶこと）ができています。つまり、コロニーの決定は個体の能力を超えているのです。どのようなメカニズムがそれを可能にしているのでしょうか。

ハチやアリたちは、集団の意思を決定するときに多数決を使っています。過半数なのかどうかはわかっていませんが、ある程度の個体が特定の候補に行くようになると全体が移動するので、多数決が使われていることがわかります。

ということは、個体の意思決定が集団の意思に反映されるためには、できるだけたくさんの個体がある個体と同じ意思決定をしてくれるようにすればいいのです。つまり、質の高い候補には多くの個体が動員され、質が低い候補には少数の個体しか動員されない仕組みが必要です。

ミツバチでは、質の高い候補に行った個体はダンスを踊る率が高く、そのときに回る回数が多いことがわかっています。アリでは、質の高い巣場所に行ったときの方が、巣場所のチェックにかかる時間が短いことがわかっています。

これらのことは、より質の高い候補に、より多くの個体を動員するメカニズムとして働くでしょう。一言でいえば、質の高低に応じて、それに応じた動員数の正のフィードバックが働くのです。しかし、上記のメカニズムがいかなる場合でもこの正のフィードバックをもたらすかどうかはまだわかっていません。

アリの例では、巣場所候補までの距離が等しければうまく機能するでしょうが、自然の中の巣場所候補までの距離は等しいとは限りません。そのような場合でもうまく働く原理はまだ見つかっていないのです。だからこそ研究する意味があるのですが……。

## ムシはなぜ多数決をするのか?

もうひとつの面白い点として、「なぜ多数決を用いるのか」ということがあります。これには二つの理由が考えられます。

それは、決定が間違っている確率を下げることと、決定が正しい確率を上げることです。まず、ごく少数の個体の判断に基づいて集団の意思を決定すると、その個体がたまたま間違った判断をすることにより全体が間違えてしまうリスクが大きくなってしまいます。

個体はある確率で間違えますから、たとえば一匹の決定で全体の意思を決めるとすれば、たまたまその個体が間違えたときに取り返しがつきません。しかし、たくさんの個体の合意により全体の意思を決めるなら、全員が間違えていることはほとんどありませんから、このようなリスクは小さくなります。

特に昆虫のように、個体の能力が高くない動物では、多数決を使うことは決定が間違っている確率を下げる効果が大きいと思われます。

次に、正しい決定をする確率を上げる方ですが、これもある条件が満たされていれば、多数決は有効です。その条件とは、個体が正解を選ぶ確率が偶然よりも高い

◆表2

| 個体A | 個体B | 個体C | 全体 | 起こる確率 |
|---|---|---|---|---|
| ○ | ○ | ○ | ○ | 0.7 × 0.7 × 0.7 = 0.343 |
| ○ | ○ | × | ○ | 0.7 × 0.7 × 0.3 = 0.147 |
| ○ | × | ○ | ○ | 0.7 × 0.3 × 0.7 = 0.147 |
| ○ | × | × | × | 0.7 × 0.3 × 0.3 = 0.063 |
| × | ○ | ○ | ○ | 0.3 × 0.7 × 0.7 = 0.147 |
| × | ○ | × | × | 0.3 × 0.7 × 0.3 = 0.063 |
| × | × | ○ | × | 0.3 × 0.3 × 0.7 = 0.063 |
| × | × | × | × | 0.3 × 0.3 × 0.3 = 0.027 |
| | | | | 計　1.0 |

ということです。

たとえば、二つの選択肢をでたらめに選ぶと、それが正解である確率は〇・五です。ここで、個体が正解を選ぶ確率が〇・七だとする（偶然より高い）と、一匹で全体の意思を決めるならば、正解率は〇・七です。

しかし、「三匹のうち二匹が正解を選んだときに全体の意思決定になる」という多数決を導入してみます。三匹がそれぞれ意思決定をするときに、選択がどのように行われるかについて、その確率を上の表2に示しました。二匹以上が賛成した答えを全体の答えとすると、それが正解である確率が〇・三四三＋〇・一四七＋〇・一四七＋

〇・一四七＝〇・七八四になることがわかります。これは、一匹で意思決定する場合の正解率〇・七より高いですね。まさに、三人よれば文殊の知恵です。

## 多数決のメリット・デメリット

多数決に必要な個体の数を増やしていくと、正解率はどんどん上昇します。つまり、一個体が正解する確率が偶然選ぶより高いときには、多数決により正解が得られる確率は、一個体で意思決定するよりも高くなるのです。

アリやハチたちは、自然選択を受けてきているので、一個体が正解する確率は当然、偶然選ぶより高くなるように進化していると考えられます。すなわち、多数決で正解を得られる確率は上がるでしょう。しかし、ひとつだけ注意が必要です。個体が正解する確率が偶然選ぶより低いときには、多数決は逆に高い確率で間違った答えを選んでしまうということです。多数決は万能ではないのです。

人間の民主主義も多数決ですが、人間の個人は果たして、偶然選ぶよりも高い確率で正しい答えを選ぶ能力を持っているのでしょうか。

多数決にはもうひとつ弱点があります。意思決定までに時間がかかるということです。これはどうしようもないことです。つまり「集団全体が意思決定する定足数《ていそくすう》をいくつにするか」という問題に関わっているのですね。

定足数を増やしたとき、正解率がどのくらい上がるかというメリットと、定足数を増やすと意思決定までに時間がかかるというコストのバランスで定足数が決まっているのでしょう。つまり、急がなければならないときには、正確性を犠牲にしても少数個体で意思決定をしなければならないはずです。

果たして、虫の世界では、時間をかけてはまずい意思決定のときには定足数を減らすことが示されています。

# 脳とアリは似ている

## 生物学の最大の課題

集団性の昆虫では、個体の単純な判断が統合されて、全体は個体の能力を超えるような的確な判断をすることが可能です。しかし、脳の発達した哺乳類などの群れでは、ごく少数のリーダーがいて、そいつらが集団全体の状況を把握し、意思決定を行うという方法をとっています。

この方式が有利であるためには、リーダーが的確な判断をする確率が、多数決による集合的意思決定よりも高い必要があります。あるいは、決定までに時間をかけることができないときでも的確な判断をくだす必要があります。一言でいえば、リーダーの能力が高くないとうまく機能しないのです。

様々な状況を勘案《かんあん》して最もよい決断をしていく。哺乳類がこれを実現できるのはなぜでしょう。もちろん、哺乳類は他の動物に比べて発達した脳を持っているからです。特にヒトの脳は発達しており、他の動物には不可能な高度に抽象的な知能活動を行えます。ヒトが人であり得るのも、この脳が存在するからだと言っても過言ではないでしょう。脳万歳！

脳がなぜこのようなことができるのかは、しかし全くわかっていません。それを解明することは現在の生物学の最大の課題のひとつであり、様々なアプローチが続けられていますが、原理的な謎が解かれているわけではありません。

脳がどのようにできているかはわかっています。脳の末端は神経細胞です。神経細胞は細長く伸びた細胞で、長く伸びた軸索《じくさく》とその端にある樹状《じゅじょう》突起からできています。神経細胞が刺激を受けると、軸索の中を両側に向かって電気刺激として興奮が伝わりますが、興奮が端まで伝わると、片方の端からだけ神経伝達物質を出して次の神経細胞の樹状突起に興奮を伝えます。

このメカニズムにより、神経細胞は受けた刺激を一方向だけに伝えるシステムとして働いています。

## コロニーと脳は似ている

脳はこの神経細胞が無数に集まり、ネットワークを作っています。しかし、ネットワークがあればよいのなら、ＳＦによくあるようにインターネットが知能を持っても不思議ではないですが、現実にはそんなことはありません。ということは、ネットワークになっていることが重要なのではなくて、それをどう使っているかが問題なのです。しかし、実験したくても脳細胞のひとつひとつをいじることはカンタンではありません。ここが知能の研究が難しい所です。

末端ではOn／Offという単純な判断しかできない神経細胞が集まって、高度に状況追従的な合理的判断を下すことができる脳。これは何かに似ています。そう、アリやハチのコロニーです。どちらも単純な判断しかできない末端の素子《そし》で構成されているにもかかわらず、全体としては素子の能力を超えた合理的判断を行います。アリやハチのコロニーは脳の相似物なのです。

であれば、ハチやアリのコロニーがなぜそのようなことができるのかが明らかになれば、原理的に、脳でもそれができる理由もわかるかも知れません。少なくとも、コンピュータなどをそのようにつないで判断させることで、単体の能力を超えた判断をさせることはできるようになるでしょう。人工知能ですね。アリやハチの社会の研究は、意外な研究分野とつながっているのです。

# ヒトもミツバチも鬱になる

## 人間は感情の動物

脳がどのような働きをしているのかは、まだまだ謎です。人間の脳はとても大きく、複雑ですが、もともとそうだったわけではありません。脳はずっと単純な生物にも存在し、だんだんと複雑化し、人間の脳に至っているのです。脳を動かす基本のメカニズムは、神経細胞の集合という点で脳を持つ動物で共通しています。その働きもまた、意外な動物の間で共通しているのです。

人間の特徴のひとつは、高度な感情の存在だとされています。たとえば、様々な感情を描くことで「文学」というひとつの芸術分野が成立しているほどです。また、人間とはまさに感情の動物で、いかに合理的なことであろうとも、いやだと思っていることを素直に受け入れることはできません。

人間の世界におけるすべてのトラブルとは、他者の感情の存在を無視して、自分にとっての合理性を強制することで生じていると言ってもいいかも知れません。まあ、誰にとっても絶対に正しいことがある（あると信じ切っている人もいますが）としたら、とっくにそういう世の中になっているはずなので、いまもまだ人々がもめていることなどないと思うのですが……。閑話休題。

## 意識と体、どちらが先？

人間に様々な感情が存在することは疑う余地がありませんが、そのような感情が何のためにあるのかは実はよくわかっていません。恐怖は、自分に危害を加えるかも知れないものに近づかないようにするとか逃げ出す、という適応的な意味があると思われますが、喜びやうれしさ、悲しみや満足感というものがなぜあるのかはうまく説明できないのではないでしょうか。イヌやサルなどを見ていると、このような感情は私たち人間だけにあるのではなく、動物たちにもあるように思えます。しかしなぜあるのでしょうか。

また、私たちは意識というものを持っていますが、この意識もどのような理由で進化してきたのかがよくわからないものです。ある研究では、ある状況が生じたときに、脳のなかで「それに対して私は△△する」ということを意識する前に、すでに体がそれに対する反応を始めている、という結果が報告されています。
これが本当なら、私たちは意識によって体をコントロールしているのではなく、体の反応に伴う形で意識が後から生じていることになります。なぜだ、なぜなんだ？

このようによくわからない意識や感情、つまり心の働きですが、その中でも不思議なのは「鬱《うつ》」の存在です。人は鬱になると感情の動きが鈍麻《どんま》し、特に喜びやうれしさの感情や意欲といったものが失われます。何事にも悲観的になり、非常につらいものです。

生理学的には、鬱状態になると脳の神経細胞で分泌される神経伝達物質の分泌が低下することがわかっており、これを改善する作用のある化学物質はうつ症状の改善に効果があること（＝抗鬱剤）がわかっています。鬱は強いストレスを受け続けたときなどに発症すると考えられていますが、その適応的意義はよくわからないのが正直なところです。

## 鬱になったザリガニ

しかし、もし人間とはかけ離れた動物がこのような症状を示すのなら、「鬱」という現象は、動物が脳を持つと同時に現れたものであることになります。また、そのように長い間維持され続けてきたのであれば、それには何らかの「適応的意義」があると考えることができます。鬱が不利にしかならないのなら、長い生命の歴史の中で、それは淘汰されてしまうだろうからです。

動物にも鬱は存在するのか？

この観点からはいくつかの興味深い研究結果が報告されています。まずは、ザリガニの話です。ザリガニのオスはメスをめぐって他のオスとケンカをしますが、ケンカに負けたザリガニはしばらく闘おうとしなくなるのです。このとき、ザリガニの脳を調べると、神経伝達物質の分泌が少なくなっていました。意欲をなくしたザリガニの脳の生理状態は、鬱状態の人と似ていたのです。負けたことでストレスを受け、一種の鬱になっていると解釈できます。

さらに、鬱状態のザリガニに抗鬱剤を投与すると、再び闘うようになることも報告されています。やはり、脳の神経伝達物質の分泌量が、積極的な行動と消極的な行動のどちらを示すのかに関わっているのです。

オオツノコクヌストモドキというオスがキバを持つ昆虫でも、このような負け癖の報告があります。オス同士が闘い、負けたオスはしばらく闘わなくなるのですが、この時間は三日間であることが判明しています。三日経つと負けたことを忘れるらしく、再び闘うようになるのです。

しかも、この回復までの時間が短い系統や長い系統を選び、そういうもの同士で交配させることを繰り返すと、負けを二日で忘れる系統や、四日経たないと忘れない系統などを作り出すことができました。この「負けを忘れる時間」には遺伝的なバックグラウンドがあり、人為的に進化させることができたのです。このことは、三日という実際の「負け忘れ時間」も進化の産物だということを意味します。

この例では脳内神経伝達物質の量は測られていませんが、ザリガニと同様のことが起こっているのなら、ストレスを受けたときに鬱になり消極的な行動をとることは、何らかの適応として進化してきたものなのでしょう。

## 悲観的なミツバチ

ミツバチではもっと面白いことがわかっています。ミツバチにストレスを与え続けると、悲観的な将来予測に基づいた行動をとることがわかっています。この場合にも、脳内神経伝達物質の分泌量が低下します。やはり、ヒトと同じような生理的メカニズムで鬱が起こっているのだと解釈できます。しかも悲観的になる。

最近魚で行われた研究では、川に抗鬱剤の成分が流れ出ると、魚が大胆な行動をとるようになり、開けた場所に出てくるので、捕食者に食べられやすくなるという結果が報告されていました。この場合は正常な状態より神経伝達物質の分泌量が多くなると考えられるので、魚はヒトでいう躁《そう》状態になっているのでしょう。躁状態になると生存率が下がるとはっきりしているのですから、鬱状態は逆に生存率を上げる効果があるかも知れません。

これらのことは、人間の心の働きもまた、脳を初めて持った祖先から受け継がれて進化してきたものであることを示しているのでしょう。であれば、鬱状態にも何らかの意義があることはほぼ確実です。

# 遺伝——確率と偶然の生物学

## 遺伝現象を支配するもの

高校生物の分野で、得意不得意が大きく分かれるのが遺伝の項目です。遺伝はとても単純で、いくつかの原則を知っていればほぼ確実に解けるので私は大好きでしたが、なぜか苦手にしている人も多いようです。遺伝現象は偶然と確率によって支配されているので、これらの考えが苦手な人はなんだかわからなくなってしまうからだと思われます。

また、同じ原理に基づく現象にいくつもの名前がついているので論理がわかりにくくなってしまうのかも知れません。

それでは、できるだけわかりやすいように遺伝を考えてみましょう。

高校生物の遺伝分野で扱われるのは「二倍体生物」の遺伝現象です。二倍体生物とは、頭から足の先までの分の遺伝子の集まり（ゲノム）を二つ持っている生物のことです。もちろん、片方は母親から、片方は父親から伝わってくるのです。

ヒトを含む二倍体生物は、繁殖の時、母親が卵子を父親が精子を生産し、この両者が合体すること（受精）により子供が生まれてくることはわかりますね？ この時、母親や父親はゲノムを二つ持っているので、卵子や精子を作るとき、その内の一組だけをそれらの中に入れます。

つまり、卵子や精子（配偶子《はいぐうし》）はゲノムをひとつしか持たない単数体です。単数体となった精子と卵子を合体させることで、再び親と同じように二倍体の子供を作り出す。これが二倍体生物の繁殖の仕組みです。

## メンデルの分離の法則

さて、ゲノムは生物の様々な性質を支配する遺伝子の固まりですが、ある性質（たとえば髪の毛の色）を決めている遺伝子はゲノムの中の特定の場所に存在します（この場所のことを遺伝子座《ざ》という）。ゲノムは二つあるわけですから、一匹の生物の中に遺伝子も二つ存在しています。

特定の性質を表す遺伝子はある記号で表現されます。たとえば、髪の毛を黒くする色素を作る遺伝子をB、黒い色素を作らずに髪の毛を金色にする遺伝子をGと表すとします。このような同じ遺伝子座に存在し、表す性質が違う遺伝子を対立遺伝子と言います。そうすると、一個体は二つの遺伝子を持っているので、可能な組み合わせはBB、BG、GGの三通りです。

たとえば、BGの組み合わせを持つ親が配偶子を作るとき、配偶子が持つ遺伝子はBまたはGのどちらかになります。また、どちらの遺伝子が配偶子に入るかは偶然で決まるので、B：G＝一：一の割合で配偶子が作られます。これが「メンデルの分離の法則」です。

このとき、子供は母と父の配偶子が合体してできますから、両親ともにBGの遺伝子型だったとすると、母と父はそれぞれBとGの配偶子を一：一の割合で作るので、それが合体してできる子供の遺伝子型はBB、BG、GB、GGが一：一：一：一の割合で生じます（三七頁の表1参照）。これが基本です。

BB：BG：GGと表現すれば一：二：一になるわけですね。両親ともBBなら、子供はBB：BB：BB：BB＝一：一：一：一に、母がBGで父がGGなら、子供はBG：BG：GG：GG＝一：一：一：一になるわけです。

## 子供の髪の毛は何色になる？

ここで、それぞれの遺伝子型を持つ子供の髪の毛が何色になるかを考えます。BBという遺伝子を持つ個体は黒い色素を作るので、髪の色は黒になります。BBでもBGでも同じです。二つの遺伝子をGGという組み合わせで持つ個体だけが、黒い色素を作らないので髪が金色になります。

子供に現れた性質を遺伝子型と区別するため表現型《ひょうげんがた》と呼びます。そうすると、両親ともにBGの遺伝子型から現れる子供の表現型は、BB（黒）：BG（黒）：GB（黒）：GG（金）＝一：一：一：一になるので、合計としては黒：金＝三：一になります。

おなじみの割合ですね。対立遺伝子の間に優劣関係があり、どちらかを持っている個体にその性質が必ず現れることを「優性の法則」と呼びます。この法則はどんな対立遺伝子間でも成り立つことではありませんが、髪の色のように、ある化学反応を起こす酵素を作る、作らないというような対立遺伝子の間ではよく見られることです。Bは黒い色素を合成する酵素を持っているので、そうでないGに対して優性になるのです。

もし、BBでは色素がたくさんできるのに、BGでは少ししかできないという量的な関係があれば、BBは黒に、BGは茶色になるかも知れません。この場合、優性の法則は不完全で、表現型比は黒：茶：金＝一：二：一になります。

つまり、三：一になるか一：二：一になるかは、分離の法則に基づく配偶子の比率と、対立遺伝子の間にどういう関係があるかによって決まっています。ここまで理解できましたか？　できていれば遺伝の問題はほとんど解けるようになります。

なぜなら、全ての遺伝現象は、形質を決めるのに、いくつの遺伝子座が関係しており（上の例では一遺伝子座）、それぞれの遺伝子座に対立遺伝子がいくつあり、対立遺伝子の間にどのような関係があるかだけによって決まっているからです。

## 遺伝の大原則

メンデルが見つけた有名なメンデルの三法則（分離・優性・独立）の中にはもうひとつ、独立の法則というのがあります。これは異なる性質を支配する遺伝子座は、別の遺伝子座の動きとは無関係に配偶子に入るというものです。

もっとも、独立の法則は成り立たない場合があります。ゲノムはいくつかの染色体に分かれて配偶子に伝わるので、違う染色体に存在する遺伝子座同士では独立の法則は成り立つのですが、同じ染色体のごく近くにある遺伝子座同士は一緒に動いていく（連鎖している）からです。

このような例外が次々に出てくるので、遺伝がわからなくなる人も多いと思うのですが、大原則は、

①個体の持つ二つの遺伝子が配偶子に一個ずつ入り、それが再び組み合わせになることで子供の表現型が生じる

②配偶子一個ができるとき、親の持つどちらの遺伝子が入るかは偶然で決まるということです。

偶然と確率――この二つさえ理解できれば遺伝はとても簡単です。そもそも、何も考えていない遺伝現象が、偶然からずれたことや確率に従わないことを意図的にやるわけがありませんね。この原則の上で、例外的に見える場合は、どのようなメカニズムがそれを起こしているのかを理解していくことが大切です。

遺伝は、配偶子とその上にある遺伝子がどのように振る舞うか、遺伝子がどのように表現型を決めていくかという単なる機械的な振る舞いの結果に過ぎません。分

離の法則という大原則があり、その上に優性の法則や独立の法則という、時には例外のある法則が働いているだけです。これらの法則が階層的に作用することで、どのような表現型がどのような比率で生じてくるかが決まっているのです。どの法則がどの順番で働いているのか、その結果どうなるか――そういう順を追った考え方をすれば、意外と簡単に理解できるようになるでしょう。今まで見てきた他の生命現象と基本的には変わりませんね。

Mendel
メンデルは
遺伝学の基礎を
確立した

# 分離比のはなし

## 組み合わせで表現型が決まる

ある性質の発現に対して、ひとつの遺伝子座（三七頁参照）にある二つの対立遺伝子が関与している場合の遺伝現象は、「一遺伝子座二対立遺伝子モデル」と呼ばれるもので記述できます。難しそうな名前が出てきましたがなんということはありません。髪の毛がBという遺伝子がある（遺伝子型BBまたはBG）と黒くなり、GGの時だけ金色になるという話がこのモデルです。

一遺伝子座二対立遺伝子モデルでは、表現型の分離比は三：一や一：二：一になります。これらを合計すると四ですね。つまり、二つの対立遺伝子が各配偶子に入り、その組み合わせで表現型が決まるので、母側二タイプ×父側二タイプ＝四つの遺伝子型となり、それがどのような表現型になるかで結果が決まるからです。たまに、特定の遺伝子型になると子供が死んでしまうということがあって、その場合だけ表現型の比率が例外的に変わります。たとえば、髪の毛の例で、ＧＧという遺伝子型になると死んでしまうとします（致死《ちし》遺伝子といいます）。そうすると、子供の中で可能な遺伝子型は原則通りＢＢ：ＢＧ：ＧＧ＝一：二：一になりますが、ＢＢとＢＧは表現型が黒、ＧＧは死んでしまうので、表現型の比率は黒：金＝三：〇になるのです。

つまり、どのような遺伝子型がどういう割合で現れるのか、そして、それぞれの遺伝子型がどういう表現型になるのか、ということです。マッタクカンタンダ。

## 二つの遺伝子座を考える

この発展系として、二遺伝子座二対立遺伝子モデルがあります。一遺伝子座二対立遺伝子モデルでは、性質を決めている遺伝子座は一つだけですが、こちらは性質を支配する遺伝子座が二つあり、それぞれに対立遺伝子が二つずつある場合です。

二つの遺伝子座を考えるので、その間に独立の法則が成り立っているかどうかが問題になりますが、独立の法則が完全に成り立ち、互いの遺伝子座にどちらの対立遺伝子が入るのかはもうひとつの遺伝子座にどの遺伝子が入るのかに何ら影響しな

◆表3

| | | 卵子 | | | |
|---|---|---|---|---|---|
| | | AB | Ab | aB | ab |
| 精子 | AB | AABB | AABb | AaBB | AaBb |
| | Ab | AABb | AAbb | AaBb | Aabb |
| | aB | AaBB | AaBb | aaBB | aaBb |
| | ab | AaBb | Aabb | aaBb | aabb |

い場合だけを考えればいいでしょう。そこから外れる場合はやはり例外です。

二つの遺伝子座があり、それぞれにA、aとB、bという二つずつの対立遺伝子があるとします。このとき、配偶子の遺伝子型がどのようになるかを考えると、可能な組み合わせは四つで、AB、Ab、aB、ab＝一：一：一：一になります。母も父もこのように配偶子を作るので、受精卵の遺伝子型は上の表3のように、四×四＝一六通りになります。

配偶子の遺伝子型の組み合わせが増えた分複雑になっていますが、考え方は一遺伝子座二対立遺伝子モデルの場合と同じです。組み合わせが四つから一六に増えただけ。あとは、どのような対立遺伝子を持っているとどのような性質になるかという対立遺伝子間の相互作用を考えればよいだけです。これも一遺伝子座二対立遺伝子モデルと同じです。

## 遺伝は単純な現象

ここで、AとBがある場合の表現型を［AB］、AはあるがBがない場合を［Ab］のように書くことにしましょう。表3を見ればわかるように、［AB］：［Ab］：［aB］：［ab］＝九：三：三：一になりますね。

合計は当然一六になります。このとき、表現型の分離比がどうなるかは、二つの遺伝子座にある対立遺伝子がどういう組み合わせのときにどういう性質をあらわすかによって決まってきます。

たとえば、Aが赤い色素を、Bが青い色素を作っているとすると、［AB］：［Ab］：［aB］：［ab］＝紫：赤：青：白＝九：三：三：一になるはずです。AとBが両方あると花が赤、片方だとピンクになるとすると、赤：ピンク：白は九：六：一になるはずですね？

A、Bどちらかを持っていれば赤になるとすると赤：白＝一五：一になるでしょう。カンタンじゃないですか？

遺伝はこれほど単純な現象です。

①どのような対立遺伝子を持つ配偶子がどのような比率で生じ、その組み合わせとしてどのような遺伝子型を持つ受精卵がどのような比率で生じるのか

②対立遺伝子の組み合わせによりどのような性質が現れるか

——この二つさえわかれば必ずできます。

前者は分離の法則、独立の法則に基づいて決まり、後者はケースバイケースです。問題をわかりにくくしているのは、前述のように表現型の分離比が変わってくる場合、「同義遺伝《どうぎ》」などと異なる名前が付けられていることです。人間、別の名前がついていれば別の現象だと思うのは当然です。

もちろん、昔は遺伝の仕組みがよくわかっていなかったので、それぞれの現象は別の現象として名付けられていたのです。しかし、ここで説明したように考えれば、それは単純な原理に基づいた同じ現象で、対立遺伝子の表現型に与える影響が

◆表４

| 法　則 | 内　容 |
|---|---|
| 分　離 | ２つのゲノムが一つずつ配偶子に入るので、配偶子の分離比は１：１になる |
| 優　性 | １つ持っていると形質を表す優性遺伝子と２つ揃わないと表さない劣性遺伝子がある |
| 独　立 | 異なる遺伝子座は、連鎖している場合を除き、互いに無関係に配偶子に分配される |

（各遺伝子座の遺伝子は分離の法則に従う）

異なっているだけです。

生物学がやたら覚えなければいけないことが多く、つまらない学問だと思われているのは、現在では現象を貫く原理がわかっているのに、それに基づいた理解を教えないからではないでしょうか。

## 連鎖とゲノム

最後に連鎖について触れます。生物の頭から足の先までを作り出す遺伝子の集合の一組をゲノムといいます。ゲノムはものすごく長い一本のＤＮＡであると考えることができます。しかし、あまりに長いＤＮＡは管理しにくいので、実際にはほとんどの生物で、ゲノムは何本かに切り分けられ、それぞれが染色体として保管されています。ひとつの染色体上にはたくさんの遺伝子座があります。つまり、それらは一本のDNAの上にあるのです。

親が二本持つ染色体のうち、一本だけが配偶子に入ります。ですから（ここ大事！）、同じ染色体上にある異なる遺伝子座の遺伝子は皆一緒に移動するのです。このような遺伝子座は互いに連鎖しているといわれます。

AとBが連鎖していると、ABという遺伝子型は配偶子にそのまま伝わります。独立の法則が成り立っていませんね。この場合、二遺伝子座があるにもかかわらず、遺伝の様式は一遺伝子座の場合と同じになります。

さらにややこしいことに、二つの遺伝子座が連鎖していても、遺伝子座の距離が遠いと組み合わせが変わることがあるのです。もちろん理由があります。

配偶子が作られるとき、DNAが複製されますが、そのときに二対の同一の染色体が並んでそれぞれが複製されていきます。そのときに二本のDNAの鎖が互いにつなぎ変えられることがあるのです。そうなると、AB、Abという連鎖があっても、間でつなぎ変えられることにより、AbやaBの遺伝子型を持つ配偶子が生じます。これを「組み換え」と呼んでいます。組み換えがどれくらいの割合で起こるかは、二つの遺伝子座がどれだけ離れているかによって変わります。近ければ起こりにくく、遠いと起こりやすくなります。

ある程度以上遠いと、あまりに頻繁に組み換えが起こるので、独立の法則が成り立つのと同じ状態になってしまいます。配偶子が作られるときに、二つの遺伝子座の間でどのくらい組み換えが起こるかは、子供の表現型の分離比から、配偶子の遺伝子型を知ることで推定できます。

たとえば、連鎖がなければAB：Ab：aB：ab＝一：一：一：一になりますが、ともにAaBbの遺伝子型を持つ両親から得た子供の遺伝子型がAB：Ab：aB：ab＝九：一：一：九だったとすると、AB、abという連鎖があり、一〇％の割合で組み換えが起こったことがわかります。この大きさの違いから、遺伝子座がどういう順番で存在し、どの程度離れて存在するかも知ることができるのです。

たとえば、三つの遺伝子座X、Y、Zの間で組み換え率を測定したとき、X—Y＝10％、Y—Z＝3％、X—Y＝7％だったならば、順番はX—Y—Zでその距離は七：三です。

## 生物現象の基盤に進化がある

めんどくさいように思えますが、これも遺伝物質はDNAであり、その上に塩基配列として遺伝子が存在すること、二倍体生物はゲノムを二組持っていること、配偶子形成時の分離の法則と組み換えによって統一的に理解することができます。生物が示す様々な現象は、やはりベースとなる事実や法則の上で相互に関連して階層的に起こってくるものなのです。

したがって、その相互の関係を理解しながら全体を理解することが、できるようになるための早道なのですが、残念なことに、教える側の教師がすでにそれがわからないという場合がほとんどです。

なぜなら、生物教師の多くは、自分の専門であった分子生物学や遺伝学などについては知っていても、全ての生物現象の基盤となっている進化に関する理解がない場合が多いからです。進化のメカニズムとそれがどのような結果をもたらすかは、生物の教科書の最初に置かれるべき内容だと思います。

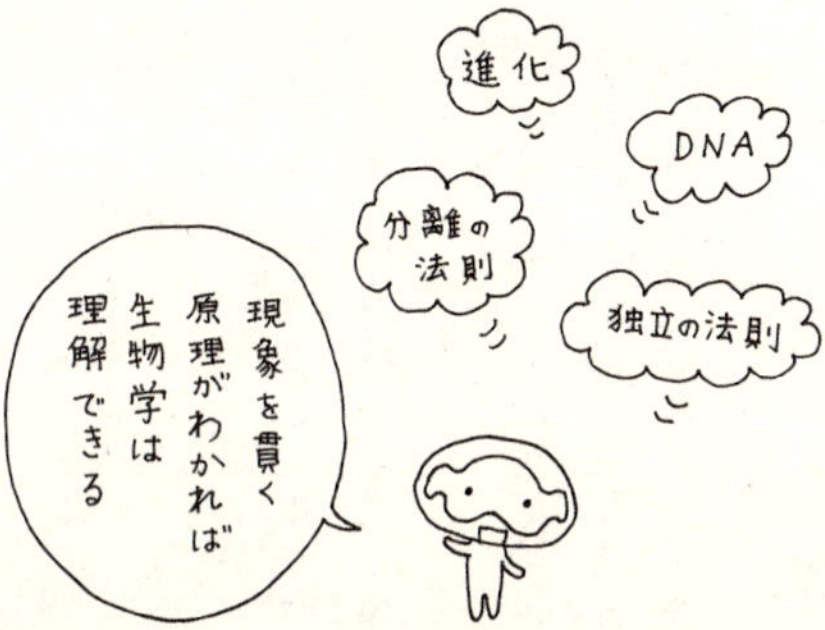
進化
DNA
分離の法則
独立の法則
現象を貫く原理がわかれば生物学は理解できる

# 性が現れた理由

## 性という大きな謎

遺伝の法則は、二倍体の生物では二つ存在するゲノムの片方を配偶子に入れ、それを他の個体が作った配偶子と合体させることで、再び二倍体の体を持つ子供を復元する際に成り立つ現象です。

このように、自分が持つ遺伝情報と他の個体が持つ遺伝情報を混ぜ合わせて子供を作るやり方を「性」と呼びます。ヒトをはじめとして性を持つ生物はものすごく多く、地球上の生物のほとんどが性を持っています。しかしよく考えてみると、性は生物学上最も大きな謎の一つなのです。

問題をわかりやすくするために、性がない生物を考えてみましょう。バクテリアなど性を持たない生物は、繁殖のときに自分の遺伝情報を複製して倍に増やし、体が二つに分裂するときに、その半分ずつが新しい体に入ることで元の状態に戻ります。とても単純な方式ですね。

このとき、最初に自分が持っていた遺伝情報のどれだけが子供に伝わるかを考えます。元々持っていたものを複製し、それがまるまる子供に伝わるのですから、伝達率は一であることがわかるでしょう。子供は遺伝的な複製で、自分と全く同じ遺伝情報を持っているのです。

一方、性を持つ生き物ではどうでしょう。二倍体の生き物を考えると、二つ持つゲノムの片方を配偶子に伝え、それを他の個体が作ったもうひとつの配偶子と合体させ、子供を二倍体に戻すという方式です。

このとき、最初に親が持っていた遺伝情報のうちのどれだけが子供に伝わっているでしょうか？　二つ持っていたゲノムの半分が伝わりますから、遺伝情報の伝達率は〇・五ですね。つまり、有性生殖では、自分の持つ遺伝情報のうち、半分しか子供に伝わらないのです。

## 有性生殖と無性生殖

生物の進化について思い出してみましょう。進化の原理は、複数のタイプがあってその間で遺伝情報の将来世代への伝達率に差があるとすると、それが高い方が増えていき、そういう性質のものばかりになっていくということでした。

これを性に当てはめて考えてみると、無性《むせい》生殖の遺伝情報の伝達率は一、有性生殖では〇・五ですから、無性生殖の方が世代あたり二倍も有利になります。であれば、生物は無性生殖のものばかりになってもおかしくはないように思われるのですが、実際にはほとんどの生物が有性生殖なのです。これは大きなジレンマです。遺伝情報の伝達率が低い有性生殖には、その不利さを補ってあまりある有利性が存在するからとしか考えられません。それにしても、二倍ものコストを克服する有利性とは一体なんなのか。性がなぜ進化したのかは生物学上非常に大きな謎なのです。

もちろん、いくつかの仮説が考えられています。ひとつは、環境は常に変動しているので、子供の中にいろいろな性質を持つ個体が混ざっていた方が有利になるというものです。無性生殖では子供の中に大きな遺伝的多様性を作り出すことはできませんが、有性生殖なら可能です。

多様性がない子孫だと、環境が変わったときに全滅してしまう恐れもあるので、いろいろな環境で生き延びられる様々なタイプの個体が子孫の中にいた方が、長い時間を生き延びることができるだろうという仮説です。酵母を使った実験で、環境が変動するときには有性タイプが有利になるという結果が得られていますし、性が有利だという結果はいくつか得られています。しかし、それが二倍のコストを上回るほどの有利性を持つことが示されたことはありません。

他にも、病気の存在が子供の遺伝子型を次々に変異させていくことを有利にしているという仮説もあります。ウィルスなどの病原体は個体に侵入するときに、遺伝子型によって決まっている細胞表面のタンパク質の構造を利用しています。病原体の側にその構造の型に対する適応進化が起こり、いまたくさんいる遺伝子型が病気にかかりやすくなると、いままでにはなかった新しい型は病気にならないので有利になります。

## アリスに登場する赤の女王

しかし、病気によって変異した遺伝子型が増えると病原体もそれに対して適応進化するので、結局、いつでも新しい型が有利になり続けるというものです。これは環境の変動という、起こるかどうかわからない状況に対する適応ではなく、確実に新しい型が有利になるメカニズムですね。

この仮説は、「生物は、いまの状態にとどまっていることができない」という点から、『不思議の国のアリス』に登場する、皆がいつも走り続けているトランプの国になぞらえて、「赤の女王仮説」と呼ばれています。それでも、このメリットが二倍のコストを上回るのかどうかはよくわかっていません。

また、突然変異で正常な遺伝子が変化した有害遺伝子を集団中から捨てる効率を高めるからではないか、という議論もありますが、やはり二倍のコストを乗り越えられるかどうかはわかっていません。性の進化は依然として大きな問題であり続けているのです。

私たちの研究グループでは、性のコストは実際には二倍よりもずっと小さいのではないかと考えています。

性を持つ生物では、卵を作るメスと精子を作るオスに分かれていますが、オスは子供を産まないので、オスが半分いると集団の増殖率が半分になってしまうため、性は大きなコストを持っていると考えられてきました。

しかし、場合によっては集団の中のオス比が非常に小さくなることがあり、そういう状況では性のコストは二倍よりもずっと小さくなっているはずです。それなら、性に小さなメリットしかなくても、無性生殖よりも有利になれるかも知れません。

実際に、有性型と無性型が共存するアザミウマという昆虫では、集団の中に無性型が多い場所ほど、有性型の中のオス比が小さくなっていることがわかっています。無性型との競争が厳しい所では、オス比を下げることでコストを下げて対抗していると考えられています。

ともあれ、性の存在はありふれたものなのですが、それがなぜ存在するのかは完全に説明されていないのです。大きな謎です。誰か研究してみませんか?

# メスとオスがあるのはなぜ？

## 大きな配偶子と小さな配偶子

性があると、個体は遺伝情報を半分伝えて配偶子を作り、配偶子同士が合体することで二倍体に戻ります。最初は性を持たないバクテリアのような状態から進化してきたと考えられるので、配偶子も最初は両性で同じ大きさだったと考えられます。ところが、現存する有性生殖生物では、ほとんどで、大きな配偶子（卵）をつくるメスと、小さな配偶子（精子）をつくるオスに分かれてしまっています。生物がそのようになっている時は、そうなるべき理由が存在します。ここでは、なぜオスとメスができたのかについて考えてみましょう。

最初は同じ大きさの配偶子同士が合体して受精卵ができていたでしょう。このとき、受精卵からできてくる子供の大きさを考えてみると、小さな受精卵からは小さな子供が、大きな受精卵からは大きな子供ができるでしょう。

あまりに小さな子供は死にやすいので、受精卵の大きさと子供の生存率には正の関係（一方が増えればもう一方も増える。または、一方が減ればもう一方も減るという関係）があると考えられます。しかし、大きければ大きいほどいいかというとそういう訳ではなく、ある程度以上大きければ十分に生き延びることができるので、それより大きい子供は資源の無駄使いです。

とすると、最初、配偶子は大きくなるように進化していきますが、ある程度大きくなったところで卵の大きさの進化は止まります。ここで、裏切り者が現れます。相手の持つ資源で子供が十分大きくなるのなら、自分は配偶子への投資を小さくしてたくさん作った方が、たくさんの子供を残せることになるからです。こうして、小さな配偶子を作るオスが誕生しました。オスは裏切り者だったのです。

## オスの戦略とメスの戦略

一度オスができてしまうと、メスは配偶子を小さくすることができません。小さな子供は死にやすくなるので、自分が配偶子を小さくすることはできないからです。こうして、メスとオスによる有性生殖というパターンが確立していったことで

◆図９

しょう。
　このような状況が普通になると、さらに進化が起こります。オスの戦略は「数打ちゃ当たる」ですから、相手に関してあまり選り好みをしません。十分な大きさの卵を作ってくれるメスであれば誰でもいいのです。たまたまよくないメスと当たってもそれはそれ、精子はすぐに補充できるし、次のメスを探せばよいだけです。
　ところがメスはそういうわけにはいきません。卵に多くの資源を投資しているので、卵を無駄にしてしまうと大きなコストがかかるからです。そのため、メスは交配相手のオスが好適なオスなのかどうかをよく吟味し、合格した場合にだけ受精を許すように進化していきます。

## アピールに励むオスたち

このオスとメスの行動の差が、様々な進化をもたらします。たとえば、よいメスを得るためにオスが武器形質を進化させ、メスを巡ってオス同士で争うシカやクワガタムシなどのような行動が現れます。また、自分はよいオスなんだということをメスにアピールして自分を選んでもらうという、クジャクやグッピーのような派手なオスも進化してきました。

さらにガガンボモドキという昆虫では、獲物をうまく獲れないモテないオスは、大きな獲物を狩ったデキるオスからメスのフリをして獲物を奪って、さも自分が穫ったかのようにメスにプレゼントして交尾を勝ち取るといった、なんだか身につまされるような行動を見せます（図9）。

このように、雌雄《しゆう》の間に見られる実に様々な現象が、オスとメスがいるという事実から派生して進化してきたのです。男女というものがあるがゆえに人生が複雑なものになるのは人間も生き物も変わりませんね。

# 世代交代と核相交代とエイリアン!?

## 人間の体は二倍体

生物の授業では、植物の現象として解説される世代交代と核相《かくそう》交代について、コケ植物は配偶体でその上で卵子と精子が作られ、受精して胞子体ができて胞子が作られる、とか、シダ植物では本体が胞子を作り、胞子から前葉体が現れ、とか説明されて、一体何のことかわからないままひたすら覚えた人もいたでしょう。私もその一人でした。

しかし、よく考えると、これらの現象は一貫した論理によって理解でき、その論理の上でケースバイケースの変化が起こっているだけのものとしてまとめることができるのです。やってみましょう。

有性生殖をする生物では、動物、植物にかかわらず、ゲノムを二つ持っている状態の体からゲノム一つしか持っていない細胞を作ります。そして、これが合体して再び二倍体の体に戻るのです。性というシステムを保ちながら世代を繰り返していくためには、このやり方はとても効率的です。

たとえば人間なら、普段の私たちは二倍体の体で、卵子や精子だけが単数体の状態です。植物でも、通常我々が眼にする木や草は二倍体で、花粉やめしべの中の卵細胞だけが単数体の状態です。つまり、全ての二倍体の有性生殖生物は、二倍体の状態と単数体の状態のサイクルを繰り返して生活しているのです。簡単ですね。

動物では二倍体の体が本体で、卵子や精子を作るときだけゲノムを半分に減らしています（減数分裂）。そして精子や卵子は成長することなくそのままで受精し、再び二倍体となった受精卵が成長して次の世代の個体になります。

これは私たち人間もそうなので、とても理解しやすいことです。草や木などの高等植物も同じ生活をしています。ところが、ある種の植物では、二倍体と単数体のどちらもが、目に見えるような植物体を作り出すのです。

## シダは単数体？　二倍体？

そして、ここがわかりにくくなる原因です。たとえば、シダ植物では、普段眼にする本体は二倍体の体で、その上で減数分裂が行われて単数体の胞子が作られます。この胞子が発芽して成長し、小さな単数体の植物体（前葉体）を作り、その上で卵子と精子が作られるのです。卵子と精子は受精して再び二倍体となり、そこからシダ本体が成長していきます。すなわち、二倍体の時と単数体の時のどちらもが、植物としての体を持っています。人間でいえば、卵子や精子が成長してヒトの体を持っているようなものです。

シダの場合は、通常眼《め》にする植物体が二倍体（複相）なので、高等植物や動物と似ています。これがコケ植物となると、普段眼にするコケ本体（配偶体）が単数体（単相）です。その上で造卵器や造精器と呼ばれる器官が作られ、単数体の卵子や精子ができます。

これらが受精して二倍体の受精卵ができると、配偶体の上で成長し、胞子を作る二倍体の小さな胞子体ができ、そこで減数分裂が行われて単数体の胞子ができ、それが新たな配偶体へと成長してサイクルが廻ります。

この過程で、配偶体だの胞子体だの複相だの単相だのといった用語がたくさん出てくるので何のことだかわかりにくくなりますが、二倍体の世代と単数体の世代が両方体を持ち、受精と減数分裂によって、その間を廻《まわ》っているだけだと整理して考えれば理解が容易になります。

なぜ植物によって二倍体と単数体のどちらが本体なのかが違うのか？　これにももちろん理由があります。元々生物には性がなかったので、単数体だけの体で生きていました。

大昔は、性もなく動物はおらず、全ての生物は単数体の植物でした。ということは、単数体の状態で体を作って生活していたはずです。ところが、他の個体由来のゲノムを混ぜた方が有利な理由があり、性が進化すると、核相交代（二倍体―単数体の交代）を行わないと次の世代を生産できないようになってしまったのです。

最初は単数体の体が本体で、その上で配偶子を作り、その受精により二倍体となっていたと考えられます。二倍体の体はゲノムを半分に減らす減数分裂を行わないと単数体に戻れないので、二倍体の体はそれを行う器官になる必要がありました。こうして、二倍体の時の体が作られていったのです。

## エイリアンについて考える？

これはまさにコケの生活です。そこから進化していったシダや高等植物では、次第に二倍体の体が本体となり、元々は本体だった単数体の体は退化し、前葉体のように小さくなったり、高等植物や動物のように体を失い卵子や精子といった細胞だけになったのです。ですから、コケ―シダ―高等植物（動物）と移り変わる世代交代と核相交代の有様には、まさに進化の歴史が刻みこまれているのです。

コケはどうでシダはどうだ、という知識だけを羅列されても何のことだかさっぱりわかりませんが、生物の進化の歴史や性の仕組みがわかっていれば、流れを理解するのはそんなに難しいことではありません。もちろん、個別の前葉体とか配偶体が何を指しているのか、ということは覚えるしかありませんが、それでも、全部を丸覚えするよりはずっと覚えやすいものになります。

昔は何もわからなかったので、個別の事例でどうなっているかを記述していくことが必要で、そこから真理を見いだしていくしかなかったのですが、現代の生物学ではどういうことなのかがすでにわかっています。ならばその論理に従って、全体の流れを理解する方が、ずっと簡単にわかるのにと思います。

ところで、映画「エイリアン」に登場するカブトガニみたいな人の顔に張り付くやつは、二倍体・単数体のどちらでしょうか？　そしてエイリアン本体は？

あの怪物はシダやコケをモデルにしていますから、そんなことを考えてみるのも楽しいでしょう。

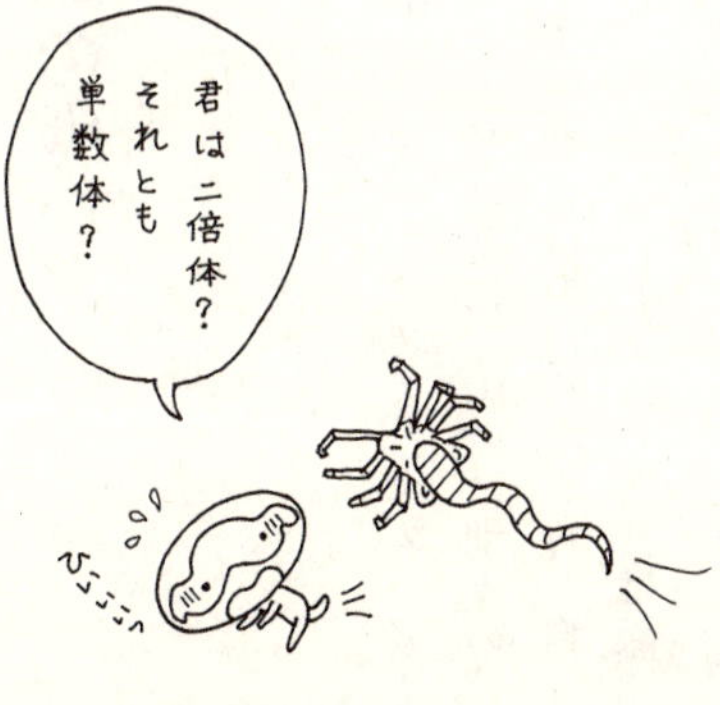

# できるだけ得をするための雌雄の戦い

## オスとメスの間の深くて暗い川

メスとオスは、両者がそろって新たな世代を生み出す存在です。メスとオスが協力するのは当たり前だと人間は思うかも知れません。しかし同時に、両者は別々の遺伝情報を持ち、自己複製していく単位でもあるのです。進化は自己複製を行う自立した機能的単位をユニットとして進みます。したがって、メスとオスの間には深くて暗い川があり、場合によっては熾烈な戦いが行われているのです。

たとえば、ハエの一種では、交尾のときにオスがメスの体内に精子とともに毒を注入することがわかっています。毒を注入されたメスは弱り、じきに死んでしまいます。メスが長く生きた方が自分の子どもが増えるんじゃないのか？　オスは一体なぜこんなことをするのか？

しかしこれもオスにとっては適応的な行動だとわかっています。弱ったメスは、手持ちの資源を全て卵生産に投資し、普通の状態よりも卵をたくさん産むのです。毒を食らわず生き延びた場合には、メスは別のオスと次々に交尾するので、最初に交尾したオスの精子が使われることはほとんどありません。すると、オスにとってはメスに毒を注入し、自分の精子を使った受精卵をたくさん産んでもらう方がよいのです。

## シロアリのロイヤルペア

オスは相手のことなど考えていません。自分の利益をいかに大きくするかに基づいて行動しているだけです。非道ですね。しかし倫理とは人間の価値観なので、動物はそのような観点で行動しているわけではありません。これはメスも同じです。オスとの間に利害対立が生じればできるだけ自分が得をしようと振る舞います。

シロアリはアリやハチと同じく社会性を持つ昆虫です。しかし、シロアリはアリやハチと違い、女王の他に王がいて、始終交尾を行っています。このロイヤルペアは結婚飛行で出会ったカップルで、朽《く》ち木の中に潜り込んでワーカーとなる娘や息子を作り、最初のコロニーを形成します。女王はじきに肥大化し、ものすごくたくさんの卵を生む産卵機械と化します。

ヤマトシロアリという種類では、何年かすると女王は死に、王だけが生き残ります。

しかし、娘の中から補充生殖虫《せいしょくちゅう》と呼ばれる新たな女王が成長してきて、王とともに再びワーカーを生産します。補充生殖虫由来の女王は何匹もいて、年老いたコロニーでは一匹の王と何十匹もの補充女王がみられます。補充女王は女王の娘ですから、ヤマトシロアリのようなタイプは父と娘の間で近親交配が行われているのだとずっと信じられてきました。

しかし、そうだとするとおかしなことがあります。補充生殖虫が父の娘だとすると、娘の中には父のゲノムが半分入っているはずです。それが父と交尾して次の世代の羽アリを作るとすると、それらの羽アリの中には1/2よりも多くの割合で父のゲノムが含まれていることになります。

つまり、ロイヤルペアのうち、父だけがたくさんの遺伝子を残しており、最初の女王は割を食っていることになります。個体が得をしないことは集団の利益になっても進化できないので、これは不思議なことです。

## 女王は死なない？

しかし、最近の研究から、初代の女王は驚くべき手段を使って王が一方的に得をすることを防いでいることがわかりました。なんと女王は、ワーカーや次世代の羽アリを作る時はオスの精子を入れて有性生殖をするのですが、補充生殖虫になる娘を作る時は精子を入れず、自分のゲノムだけを伝えていたのです。

つまり、有性生殖と単為《たんい》生殖（無性生殖）を場合によって使い分けているのです。こうなると、補充生殖女王は母親の女王の遺伝子構成と全く同じ遺伝子構成を持つので、王がそれと交尾しても今は亡き女王と交尾しているのと遺伝的には変わらず、女王は損をしないということになるのです。私が死んでも代わりはいるもの。女王は遺伝的には不死です。

メスとオスという互いを必要としながら、それぞれが進化の単位であるペアは、できるだけ自分が得をするという進化の原則に従ったまま、子孫を残しつつ、熾烈な争いを繰り広げているのです。

# 雌雄で別種――オスがオスをメスがメスを生む生物

## 訳のわからない生物

メスとオスという、繁殖のために相手を必要としながらも、互いに熾烈な競争相手でもある関係が生み出した究極の生物とでもいうべき存在がいます。それはオスとメスが別種になっているという訳のわからない生物です。

普通、メスの中にあるゲノムとオスの中にあるゲノムは、繁殖のときに子どもの体の中で、染色体ごとの配偶子への分離や、染色体間でのＤＮＡの組み換えなどで混じりあいます。したがって、同種の個体の中では、メスとオスで遺伝子構成が分化しているなどということはありません。だからこそ「同種」とされているのです。しかし世の中は広い。この常識が当てはまらない生き物がいるのです。

それはアリの仲間です。コカミアリ、ウメマツアリなどというアリでは、ワーカーはオスとメスのゲノムを混ぜ合わせる有性生殖で作られているのですが、次世代の女王は現在の女王が単為生殖によって、自分のクローンとして作っているのです。

ウメマツアリで遺伝分析をすると、オスとメスの遺伝子の塩基配列は異なっており、ワーカーは全てメスの遺伝子とオスの遺伝子の混合体として存在しており、次世代の女王となるメスは女王と同じ遺伝子型をしていました。そして、オスはオスとして独自の遺伝子型をしていたのです。

いくつかの地域をまたいでメスとオスの遺伝子型を調べても、メスはメス同士、オスはオス同士で同じ遺伝子型をしていました。また分析の結果は、メスとオスの遺伝子は分化してから何万年も経っていることを示していました。これは一体どういうことなのでしょう。

オスになる卵のゲノムがメスから伝わっているとするならば、オスはメスと同じ遺伝子を持っているはずで、オスだけが独自の遺伝子を持っていることと矛盾します。しかし、ウメマツアリではワーカーは産卵しないので、オスになる卵は女王によって作られているはずです。事実、女王が生んだ卵の一部はオスに発生して行くことがわかっています。

このことは遺伝的にも確認されていて、核ゲノムとは別にDNAを持ち、それが母親から伝わるミトコンドリアの遺伝子配列による検証は、オスは女王由来の卵から生じることを支持しています。これらの状況を考えると、オスは、受精卵からメスゲノムが消失することで生じるか、メスのゲノムを全く含まない特別の卵に精子が入って、そこから生じてくるのだろうと推定されます。

## オスに「息子」を作らせる

つまり、メスは新女王を生むときに単為生殖を繰り返し、オスは「息子」を単為発生的に生産しているのです。つまりメスとオスは生物学的には遺伝的に分化しており、そのゲノムが混じりあうことはないので「別種」です。にもかかわらず、受精卵からワーカーを作っているのです。これは真に驚くべきシステムです。

普通、メスが単為生殖するようになると、子供を残すためにオスが必要なくなるので、オスはいなくなります。こうしてメスだけで繁殖して行く生物はたくさんいて、アリの中にも女王がワーカーをクローン繁殖で作っており、オスが消失している種類もあります。しかし、ウメマツアリをはじめとするアリでは、オスが残っています。この理由は、これらのアリでは、何らかの理由によりメスとオスのゲノムを混ぜ合わせないとワーカーが作れないからであると考えられます。

アリは社会性ですから、女王やオスは自分が生き延びるためにワーカーが必要です。ワーカー生産ができないとすぐに滅びてしまいます。もしメスとオスの異質なDNAを混ぜ合わせないとワーカーが作れないのなら、女王が単為生殖可能であったとしても、それにより均質になったゲノムはいくら混ぜ合わせてもワーカーを作れないので、メスだけで単為生殖を繰り返すという方法は取れません。

そこで、オスに「息子」を作らせるという離れ業が生じたのではないでしょうか。その結果メスとオスが「別種」になってしまった、というわけです。

これらのアリについては、ゲノムを分析してどうしてこんなことが起こるのか、という研究がいまも続いています。この現象もまた、個々の遺伝子が最も得をするような進化が起こるという原則の上で基本的に理解できます。

しかし同時に、ゲノムを混ぜないとワーカーを作れず、存続のためにワーカーが必要というこれらの種に特異的な制約が、何を実現するかを決めています。その意味で、やはり偶然と必然に支配されているのです。

# 生き延びるために闘う？　逃げる？

## 神経の仕組み

最初の生物は間違いなく単細胞でしたが、多細胞へと進化して、複雑な器官を備えるようになっていくとき、状況に応じてそれらの器官を制御するシステムが必要になりました。そのためのひとつの仕組みが神経系です。

神経はいくつかの細長い神経細胞がつながったもので、刺激を受けると細長い部分（軸索）から電気が生じ、刺激を受けた場所から両方向に伝わります。細胞の末端まで興奮が伝わると、片方の側からだけ神経伝達物質が出ます。隣接した神経細胞には神経伝達物質に特異的に反応する受容体《じゆようたい》というものがあり、伝達物質を受けるとそこで電位が生じます。

そうしてまた軸索を通して興奮が走り、再び伝達物質によって次の神経細胞に興奮が伝わるのです。この、いくつもの神経細胞が伝達物質により興奮を伝える仕組みにより、どこで刺激を受けても、神経細胞のつながりは一方向にだけ興奮を伝えることができるのです。

神経は一方向にしか刺激を伝えないので、感覚を取り入れる末端組織と中枢である脳の間には、二つの神経系が用意されています。それぞれが逆方向に刺激を伝えるようになっており、末端で受けた刺激を脳に伝え、脳からの指令を末端に伝えられるようにしています。

## 交感神経と副交感神経

筋肉などの場合はこれだけでいいのですが、ある働きを持った臓器などを制御する場合、その働きを強めるための神経と、弱めるための神経を用意する必要があります。そのために用意されているのが交感神経と副交感神経です。

これらの神経系は様々な器官に対して作用し、片方が促進的にもう片方が抑制的に働きます。その働きは次頁の表5のようになっています。

交感神経は基本的に血圧を高め、血流増を起こすように作用しますが、消化管や生殖器では逆に血流を下げるように作用しており、一概には言えません。したがっ

◆表5

| | 交感神経 | 副交感神経 |
|---|---|---|
| 心拍数 | 速くする | 遅くする |
| 血圧 | 上昇 | 下降 |
| 呼吸運動 | 速くする | 遅くする |
| 消化作用 | 弱める | 強める |
| 血糖値 | 増加させる | 減少させる |
| 瞳孔 | 拡大 | 縮小 |
| 血管 | 収縮 | 拡張 |
| 筋肉系 | 血流増 | 血流減 |
| 生殖器 | 血流減 | 血流増 |

て、それぞれの器官に対する作用はいちいち覚えなければならず、項目が多い分だけ面倒なものでした。

しかし、進化という観点から交感神経と副交感神経の働きを考えると、この表を覚える必要はなくなります。

一言で言えば、交感神経は敵と出会ったときなどの非常事態に対処する働き、副交感神経はその非常事態を解除する働きをするとだけ覚えればよいのです。この原則に基づくと、表に書かれた働きは全て予測できます。

敵と闘うにせよ逃げるにせよ、運動器官に血液を送るため、心拍数は増加し、血圧は上昇します。相手をよく見るため瞳孔《どうこう》を大きく拡げ、運動に必要な酸素を得るために呼吸は速くする必要があります。

同時に消化器官や生殖器といった闘争に必要ない器官への血流は抑制します。こう考えれば、血流促進という観点だけでは説明できない交感神経の働きも、全てひとつの原則に従っていることがおわかりでしょう。もちろん、副交感神経は交感神経の働きを解除するために働くのです。

であれば、この表に載っていない器官に対する働きも予測することが可能です。つまり、全ての場合を覚えなくてもよく、それぞれの器官が何をしているのかを知り、緊急事態ではどのように働くべきかだけを考えればいいのです。

生物とは、環境に適応するよう自然選択を受けてきた機能体です。それの持つシステムもまた、生物が出会う状況に対して、体を適切に制御するようになっているのです。その観点から考えれば、覚えるのがあれだけ面倒くさかった交感神経―副交感神経の働きですら、こんなに簡単に理解することができます。

それはとても合理的で、それを無視して、現象だけを羅列している現在の教科書のあり方は、生物現象の面白さというものから、勉強する子供たちを遠ざけているだけなのかも知れません。

# おわりに　訳が分かれば理解できる

様々な生物現象について、それをどのように理解することができるのか、という観点から見てきました。生命が示す現象はとても多様です。しかし、最初の生命が現れた時から、それは自立した機能的単位として、進化の原理に従って変化し続けてきたのです。

しかし、どうしてこんなに多様なのか？　なぜそうなるのかについても理由はあると考えられます。生命は、生存が有利になる適応的変化が起こったときに、やがて全部がそのような個体に置き換わっていくという「ひとつの原則」に貫かれています。

また、同時に、そのためにはそのとき使える手持ちの材料は何でも取り入れるということもやってきたのです。そのときの手持ちの中からどんどん使えるものを取り入れていく。この「もうひとつの原則」が互いに何ら関係がないように見える生物の様々な現象を作り出しています。

　したがって、生物は最適なものへの進化という大きな原則に貫かれながら、同時に非常に多様であるという特徴を持っています。これが生物学をわかりにくいものにする理由です。


　高校の生物教科書を見ればわかりますが、様々な現象が互いに脈絡なく提示されていて、覚えなければならないことが山ほどあるように見えます。私自身、過去に生物学を教えられていたときに感じていた不満は大きなものでした。

　何でこんなに覚えなければならないのか？　しかし、進化現象を専門とするようになって、生命を貫く原理を理解してみると、ひとつひとつの項目も、もっと理解しやすい形で考えることができるのだとわかりました。

　この本では、その多様な現象を貫く考え方を提示し、できるだけ一貫した理解が可能になるように工夫してきたつもりです。

　学問の本質は、様々な現象がどうなっているかを羅列し記述していくことではなく、それらの相互関係や帰結を一貫した論理で語り、体系化して理解していくことです。そういう意味で、高校の生物の教科書は「生物学」の教科書になっていません。

そういう私にとって、進化という極めて理屈っぽい学問は向いていたのでしょう。進化というものを基軸に生物を考えてみると、あれほどわかりにくかった情報の羅列も、もっと覚えやすい形で整理していけるのです。もっとも、実際に生物学を教えている側がなかなかそうできないのも無理からぬことです。

なぜなら、高校でも大学でも、進化の原理やその学問についてほとんど教えられることはない。したがって、教師になる側も、教科書を書く人のほとんども、生物の驚くべき多様性をひとつの基軸に基づいて理解したことがないのですから。これ自体が驚くべきことですが、それが日本の悲しい現実です。

何事にも理由がある。そして世界の理由を明らかにする（説明する）ことこそ、学問が目指す目標です。わけがわからないものを理解することは不可能だし、そうなれば頭から覚えることしかできません。そうして生物嫌いの人間を再生産している現状は大きな問題です。

この本は、現状にささやかな抵抗を試みています。もちろん、私が現在の生物教育のあり方や教科書を変えるなどということはできません。しかし、この本を読んでくれた人の幾ばくかが、生物ってそんなふうに理解できるのか、とか、ああ意外に筋の通ったものなんだな、とわかってもらうことはひょっとしたら可能かも知れません。また、いままさに高校で生物のテストの点が取りたいと思っている人の理解の助けになったとしたら、本書を書いた価値があったというものでしょう。

生物は決して難しいものではありません。その驚くべき多様性は凄《すさ》まじいものですが、ごく単純な原理や基本的な物理的、化学的制約の下で進化を続けてきたものです。そういうことをひとつずつ押さえていけば、生命の謎は自ずと姿を現すでしょう。

生物学は「学」なのですから。

本書を企画し、編集の労をとってくださった田畑博文さんには大変お世話になりました。ここで書いてきたような生き物の見方に私を導いてくれた幾多の方々とともに、この場を借りて御礼申し上げます。

二〇一四年二月　真白な札幌にて　長谷川英祐

著者紹介
**長谷川英祐**（はせがわ・えいすけ）
進化生物学者。北海道大学大学院農学研究院准教授。動物生態学研究室所属。
1961年、東京都生まれ。子どもの頃から昆虫学者を夢見る。大学時代から社会性昆虫を研究。卒業後は民間企業に五年間勤務。その後、東京都立大学大学院で生態学を学ぶ。主な研究分野は、社会性の進化や、集団を作る動物の行動など。特に、働かないハタラキアリの研究は大きく注目を集めている。趣味は、映画、クルマ、釣り、読書、マンガ。
著書に、ベストセラーとなった『働かないアリに意義がある』『縮む世界でどう生き延びるか？』（いずれもメディアファクトリー新書）、『科学の罠』（青志社）、『面白くて眠れなくなる進化論』（ＰＨＰエディターズ・グループ）などがある。

この作品は、2014年４月にＰＨＰエディターズ・グループより刊行されたものを加筆・修正したものである。

PHP文庫　面白くて眠れなくなる生物学

2018年10月15日　第1版第1刷

著　者　長谷川英祐
発行者　後藤淳一
発行所　株式会社PHP研究所
東京本部　〒135-8137　江東区豊洲5-6-52
第四制作部文庫課　☎03-3520-9617(編集)
普及部　☎03-3520-9630(販売)
京都本部　〒601-8411　京都市南区西九条北ノ内町11
PHP INTERFACE　https://www.php.co.jp/

組　版　株式会社PHPエディターズ・グループ
印刷所
製本所　図書印刷株式会社


ISBN978-4-569-76860-1

PHP文庫好評既刊

# 夜ふかしするほど面白い「月の話」

寺薗淳也 著

のぼったばかりの月はなぜ大きく見える？ 月にも水がある!? 月は地球から遠ざかっている？ 身近なのに意外と知らない月の秘密に迫る！

定価 本体六八〇円（税別）